目录 CONTENTS

前言 / 001

01 你如何处理你的愤怒？

02 评判：你是错的，所以你应该改

愤怒中的评判：你是什么样的人，我说了算 / 026

愤怒要解释：你不解释，别人真的不知道你在生什么气 / 034

学习使用具体化表达，化解评判 / 041

愤怒时的否定：当我愤怒，你就是错的 / 049

全面否定：你怎么各个方面都不好 / 056

愤怒中的规则：我的规则，即是真理 / 066

使用接纳与尊重，处理差异 / 079

03 期待：我比你厉害，你应该听我的

愤怒是期待过高：怎么判断一个人的期待是否过高？ / 090

愤怒背后的嫌弃：表达期待，而非表达否定 / 102

愤怒中的愉悦感：嫌弃你的时候，我就有了价值感 / 110

愤怒是一种忽视：你只有满足我的条件，我才爱你 / 121

I

有时候，你比问题更重要 / 129

愤怒中的审判：一种极大的愉悦感 / 138

走出偏执，接纳自己的平凡 / 146

04 自我要求：因为我不能这么做，所以你也不能这么做

愤怒是因为太累了：解决愤怒，就是解决自己的累 / 156

自我要求：我怎么要求你，就在怎么要求自己 / 166

自我要求高的四个特点 / 174

降低对自己的要求：60分的自己，就是足够好的自己 / 182

阴影人格：我不喜欢你，正如我不喜欢我自己 / 189

与自己和解：比起变好，轻松快乐也很重要 / 200

重新定义你自己 / 209

05 情感连接：因为我不开心，你也要跟我一样不开心

愤怒是一种嫉妒：你的愉悦度，不能超越我 / 218

愤怒是一种伪装：愤怒看起来强大，背后是受伤的自己 / 225

愤怒是一种传递：我想让你体验我的脆弱 / 234

让对方难受的好处：感受一致，才能亲密 / 241

谁惹你生气，你就向谁学习 / 247

难受是故意的：负面情绪是对父母的忠诚 / 255

理解愤怒

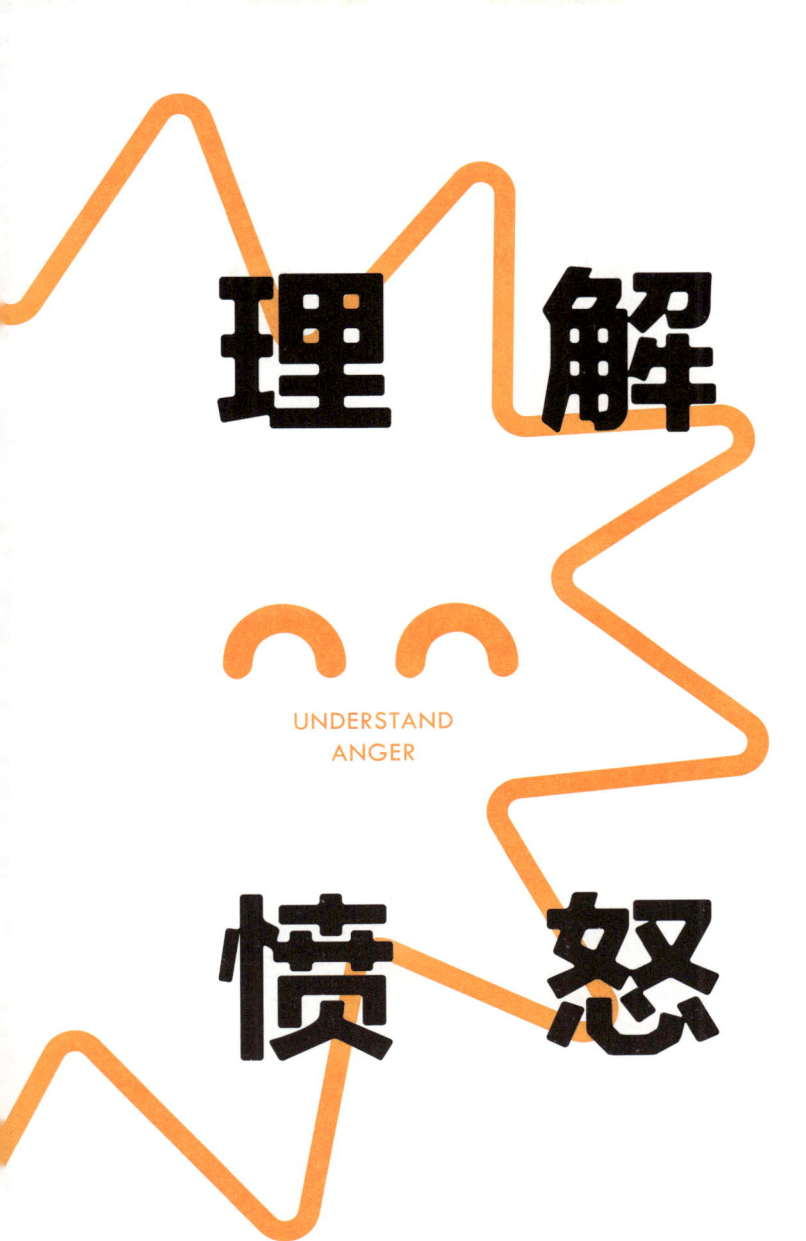

UNDERSTAND
ANGER

丛非从 著

广西师范大学出版社
·桂林·

LIJIE FENNU
理解愤怒

图书在版编目（CIP）数据

理解愤怒 / 丛非丛著. —桂林：广西师范大学出版社，2021.11（2021.12）
ISBN 978-7-5598-4320-3

Ⅰ. ①理… Ⅱ. ①丛… Ⅲ. ①愤怒－自我控制－通俗读物 Ⅳ. ①B842.6-49

中国版本图书馆 CIP 数据核字（2021）第 203099 号

广西师范大学出版社出版发行

（广西桂林市五里店路 9 号　邮政编码：541004）
　　网址：http://www.bbtpress.com
出版人：黄轩庄
全国新华书店经销
北京盛通印刷股份有限公司印刷
（北京经济技术开发区经海三路 18 号　邮政编码：100176）
开本：880 mm × 1 240 mm　1/32
印张：11.75　　　字数：220 千字
2021 年 11 月第 1 版　　2021 年 12 月第 2 次印刷
定价：68.00 元

如发现印装质量问题，影响阅读，请与出版社发行部门联系调换。

06 恐惧：因为我很担心，所以我不能那么做

愤怒是一种理性：越理性，越易怒 / 264

愤怒是一种恐惧：我理性，因为我害怕失控 / 271

愤怒是一种保护：我希望你改变，以保护我，或者保护你 / 278

发现错误，破除死亡逻辑的恐惧 / 286

相信自然能力，就不会恐惧不会累 / 295

愤怒是一种创伤：小时候的恐惧，一直保留到现在 / 303

07 爱：因为我爱你，所以你也要爱我

愤怒是一种需要：我很可怜，需要被爱 / 314

虽然你想要，但他凭什么满足你？ / 322

愤怒是一种付出：我为你雪中送炭，你愿我家破人亡 / 329

爱自己的第一步：停止刻意付出 / 337

父母欠我的，你要还给我 / 344

爱自己的终极答案 / 351

附录：《愤怒分析表》及使用指南 / 359

前言

熟悉又陌生的愤怒

愤怒，每个人都很熟悉却又都很陌生的情绪。

熟悉，是因为它很日常，几乎每天都在跟我们打交道。有的人愤怒得明显，有的人愤怒得隐晦；有的人会用发火表达，有的人只会用冷漠抵抗。无论你在用什么样的方式表达愤怒，愤怒都会经常在你内心深处生发。

陌生，是因为我们只知道自己愤怒了，却很少去思考愤怒背后是什么。愤怒只是一种最外层的现象，愤怒背后有委屈，有期待，有评判，有无助，有恐惧。可是我们习惯表达愤怒，却很少去理解愤怒背后的信息。

愤怒里面也有爱。你很难说你的愤怒——哪怕一点点——不是在为对方好。

我有很多来访者也会诉说他们的愤怒，对伴侣、父母、孩子、领导、同事、陌生人的愤怒，这些愤怒困扰着他们，又让他们无能为力。好像除了发火和隐忍，他们不会用别的方式处理愤怒。

理 解 愤 怒

很多关系，因为愤怒而走向了破裂；很多事情，因为愤怒会被搞砸。其实结果可以不必这样，完全有另外一种更好的可能。但愤怒当时，人瞬间丧失了思考能力，跟随本能做了遗憾的决定。

我自己也会愤怒，有时候会有控制不住的愤怒，有时候会有释放不出来的愤怒。我常会感到自己在愤怒时会产生一些理所当然的想法，觉得"就是你的错呀""你就是不应该呀"，这些理所当然感让我非常惊讶。

我尝试去问自己为什么，我发现在自己背后有个丰富的、我未曾觉知的、让我惊叹的世界，于是我开始思考：一个人愤怒的资本是什么？是什么让人们在愤怒的时候，会有那么理所当然的感觉？

愤怒背后的动力如此之多，信息如此之复杂，为什么我们能表达出来的却如此之少？

于是我研发了《愤怒分析表》。这是一个可以帮助人探索自己愤怒历程的表格，你只要按照引导，填充完一些句子，然后反复朗读、思考，就会对自己的愤怒有新的认识，从而有了理解愤怒、转化愤怒的可能。

愤怒背后的六个理所当然感

顺着这个问题，你可以找到《愤怒分析表》分解的六个部分：

第一部分：愤怒是一种评判。当你愤怒的时候，你会觉得对方是错的，违反了你的规则、违反了真理。你会以上帝视角对他进行审判，然后愤怒。

因为我是对的，你是错的，所以你应该改。这是愤怒的第一个理所当然感。

第二部分：愤怒是一种期待。当你愤怒的时候，你会对对方有要求、有需求，甚至是向他求助，你希望他为你做点事情，成为你的辅助。而他没有，你就生气了。

因为我希望你做，所以你应该去做。这是愤怒的第二个理所当然感。

第三部分：愤怒是自我要求。愤怒看起来是对别人的要求，背后其实是对自己的要求。一个人怎么要求自己，就会怎么要求别人。潜意识里，人总觉得所有人都应该按自己"正确"的方式来活。

因为我是这么做的，所以你也要这么做。这是愤怒的第三个理所当然感。

第四部分：愤怒是情感连接。当一个人愤怒的时候，他背后有委屈、恐惧、无助等脆弱的感受，愤怒其实是希望对方能看到并安抚自己的这种感受。愤怒可以让他人也感觉到委屈、恐惧、无助，跟自己内在有同样的感受。这样他人就有了理解愤怒者的可能。

因为此刻我很可怜，我也要让你感到自己可怜。这是愤怒者的第四个理所当然感。

第五部分：愤怒是一种恐惧。人之所以有自我要求，是他觉得不这么做就会有更大的危险。之所以要求别人，也包含了希望

理 解 愤 怒

别人不要遭遇更糟糕的危险。愤怒背后是恐惧，是害怕有更严重的结果。所以愤怒既是自我保护，又是保护他人。

因为这是糟糕的，所以我们都不能做。这是愤怒者的第五个理所当然感。

第六部分：愤怒是一种爱。愤怒背后，包含了大量的付出感，人总会觉得我为你付出了很多，你就要为我付出；我想得到你的爱，就先为你付出爱。所以特别爱付出的人，其实才是特别爱愤怒的人。但实际上付出与回报完全不是对应关系，付出得不到回报也非常正常。

因为我爱你，所以你也要爱我。这是愤怒者的第六个理所当然感。

愤怒的自由

愤怒从来不是坏事情，我们需要的是去理解自己的愤怒，而非压抑或冲动发泄愤怒。理解，才是改变最好的出路。

也许在这个过程中你不能每个点都认同，这没关系，你可以找到你有感觉的那些部分，这些足以帮助你去思考愤怒。你也不必非要在愤怒中思考，这有时候会有些难。你可以在愤怒过后，一个人的时候，去反思，去复盘，去把本书附录提供的《愤怒分析表》过一遍，问问自己，为什么愤怒。

成长，就是从后知后觉到现知现觉再到先知先觉的过程。

也许你会有疑惑：

知道这么多，有用吗？道理我都懂，然而还是会愤怒。

改变也许是陌生的。改变就是从单一视角到多元视角的转变。改变从来不是必须要怎样，而是可以怎样。当你对愤怒有了觉知，你就多了一个选择。你可以从更深的层面去处理愤怒，而非单纯压抑愤怒。

以前的单一视角是熟悉、熟练、非常自然的，新视角却是陌生、别扭、怀疑、抗拒的。当你把思考问题的角度切换到新视角的时候，会有一些不适感。你可以在能量不足的时候，依然按照原有的套路去愤怒；然后在情绪缓过来以后，在能量恢复以后，再重新去思考：那个时候我怎么了，为什么会愤怒。

如此你就会一次次强化、巩固，有了更多自我理解的可能。

无论如何，你依然拥有愤怒的自由。愤怒的自由，就是你可以思考愤怒，可以压抑愤怒，可以发泄愤怒，可以使用愤怒。而非单一必须一定要怎样。

另外，本书中主要处理的是针对他人的愤怒。对自己的愤怒，很多原理也是相同的，可以尝试做一些类比性思考。

01

你如何处理
你的愤怒？

/处理愤怒的四种方式/

你,愤怒过吗?

我想你的回答应该是肯定的。

那么你还记得上一次愤怒是发生在什么时候吗?你还记得那次是对谁产生了愤怒吗?你还记得人生中最愤怒的是哪一次吗?在那一次经历中,你是怎么挺过来的呢?

思考过后你会发现,虽然我们都有过愤怒,但是没有人会一直愤怒。那么这就意味着:**愤怒都会过去。**

但是愤怒每次又是怎么过去的呢?愤怒每次来的时候,你是如何应对的呢?你对它做了什么以及你是如何看它的?你是欢迎它,还是排斥它?是使用它,还是对抗它?

无论你是刻意的,还是无意识的,你终究都是在选择某一种方式应对着你的愤怒。通常,我们把应对愤怒的方式,分为四类:

· 压抑愤怒

· 表达愤怒

- 思考愤怒
- 使用愤怒

对大多数人来说，他们对愤怒的态度比较简单，要么压抑愤怒；要么表达愤怒；要么先压抑一下，压抑不了的时候就开始表达愤怒。极少数心智成熟的人能去思考愤怒，去觉察愤怒背后的意义是什么，进而去使用愤怒，让自己的愤怒给自己带来某种价值。

愤怒是宇宙中非常自然的一个部分。就像风雨雷电一样，某种程度上，学会使用它们，它们就是巨大的资源；不会使用的时候，常常是灾难。

而思考愤怒的第一步，就是识别自己在怎么处理愤怒。

压抑愤怒

对于自己的愤怒，有的人不喜欢、不能接受，或者觉得自己的愤怒是不对的、不合适的，他就会选择去压抑自己的愤怒。压抑愤怒的意思，就是此刻我不允许自己愤怒，我使用自己的理性来控制我的愤怒，从而让我的愤怒停留在自己的身体里，不再向外流动。

压抑愤怒的主要方式

· 自我强迫

自我强迫就是人会用道理说服自己不要生气，并要求自己学会情绪管理、做个成熟的人、学会"接纳"。他们很遵从"给家人最好的爱，就是好脾气""接纳才是爱""莫生气"之类的观念。他们觉得好像自己忍住了愤怒，愤怒就没有了一样。

比如说，有很多妈妈会认为自己"不应该对孩子发火"，有的客服会认为自己"不应该对客户发火"，有的员工会认为自己"不应该对老板发火"，有很多讲文明的人认为自己"不应在公众场合发火、吵架"。然而这些人其实都是在使用给自己讲道理的方式，来强迫自己不要愤怒。

但现实是不管你对自己讲的道理有多么正确、你让自己看起来有多么平静，愤怒都不会消失。

·自我安慰

愤怒是因为自己受到了伤害。但有的人往往会安慰自己："其实我没受到什么伤害，这对我来说并不是什么大事。"他甚至会简单粗暴地告诉自己：算了吧、不值得、忍忍吧、没必要、我不在乎。这其实是一种精神胜利法，本质上来说也是一种压抑。

比如说，一个人遇到了被商家骗钱的事，或者遇到被人莫名其妙骂一顿的事，他会感觉到不服气，心想："分明不是自己的错却还要自己吃亏。"但是转念又一想，会自我安慰一番："其实也没多大点事，就当破财免灾吧。"其实，他心里明明是很在乎的，但是却要告诉自己他一点都不在乎。

再高级一些的自我安慰，就是自我暗示：每当遇到让自己愤怒的事，就会暗示自己"我其实是个接纳力很强的人，我是个充满正能量的人，我要做个不爱抱怨的人"。

使用自我安慰来压抑愤怒的人，会有某种主动感。他们会觉得："是我自己选择了不在乎，而不是我对你没办法。"这样的自我安慰，会让他们感觉好受很多。

· **否认愤怒**

有的人会选择忽视自己的委屈，因为他们早就习惯忍受别人带来的委屈了。就像他们的口头禅一样："人生就是这样。"他们的愤怒，通常会被自己无意识地隔离，这会导致他们体验不到自己在愤怒，然而这并不代表他们没有愤怒。

当你去问他们："在这个事件中，你真的没有一丁点委屈吗？"你会发现，他们只是觉得在这个事件中不应该感到委屈。他们不是没有愤怒，只是认为这是正常的，没必要愤怒，只是因为习惯了经历这些事情，所以就体验不到愤怒了。

否认愤怒最大的好处就是，我不用体验那么强的受伤感了。其次，否认愤怒还可以维护好"我是个不愤怒的人"的形象。

· **转移注意力**

当你感觉到愤怒，你强行让自己去做别的事情，企图以此来忘记愤怒，就是在对愤怒转移注意力。比如，你因为一件事而感到愤怒，你就去做家务、工作或者喝酒。其实你是将你的愤怒硬生生地截断在了那个生气的时刻。

我观察过很多妈妈喜欢用这种方式来处理孩子的愤怒：当孩子生气的时候，妈妈们第一时间不是去关心孩子怎么了，受了什

理 解 愤 怒

么委屈，而是企图转移孩子的注意力，对孩子说："快看这个！快看那个！"或者给孩子拍照，告诉孩子生气的样子不好看，并对孩子说："快，看镜头，来，笑一个！"

转移注意力并不会让愤怒消失，只是把愤怒压抑到潜意识里了。

压抑愤怒的好处

人会选择压抑愤怒，是因为这是有好处的。

第一，压抑愤怒可以维持一时的和谐，避免冲突发生。

当一个人不喜欢冲突的时候，他就会选择牺牲自己的利益，压抑自己的愤怒，来维护自己想要的和谐。这时候他就体验到了安全。虽然压抑愤怒、纵容他人，可能会进一步导致他人做得更过分，但是，这是下一刻的事，而自己潜意识只想在这一刻实现：你好，我好，大家好。

第二，压抑愤怒，可以维护自己的形象。

当一个人觉得愤怒会让自己的形象破碎，让自己看起来是个情绪化的、不专业的、低级的人，他也会选择压抑自己的愤怒。因为压抑愤怒，可以让他看起来像一个大度的、宽容的、情绪控制能力强的人。

第三，压抑愤怒，也有利于应对当下的现实处境。

如果你在工作，你的确需要先压抑住自己的愤怒好好处理当下的事情。通过压抑，你可以先将愤怒放到一旁，集中注意力应对当下问题，实现利益最大化。

压抑愤怒，是一个人理性的必然结果，也是成熟的表现。一个不懂得压抑愤怒的人，就像是一把没有上保险栓的枪一样，是危险的。这就像是受了伤要包扎一样，需要先清洗伤口，然而清洗伤口是很疼的，所以你得先用理性忍受疼痛。你知道，这是暂时的压抑，是为了自己好。

压抑愤怒的坏处

第一，压抑愤怒会伤害身体。

使用压抑的方式处理愤怒，会让愤怒积累在自己的身体里，最终会以身体出现症状的形式呈现出来。长期停留在身体里的愤怒，会对身体造成攻击。

当一个人去压抑愤怒，他的身体就会自动优先去处理愤怒。这时候他的身体就只有较少的精力去照顾其他部分，因而容易出现内分泌失调或免疫系统紊乱等问题。有研究表明，很多疾病与人过度压抑自己的愤怒有关。

第二，压抑愤怒会减弱人的生命力。

压抑愤怒，就是压抑攻击性。一个长期压抑自身攻击性的人，就像是被阉割了的人一样，像是被抽走了灵魂，无论是在生活里还是在工作中，都难以绽放自己，失去了生命力。因为他的能量，已经全部用来对抗愤怒了，这时候身体为了保护自己，只能选择抑郁来降低耗能。抑郁，在某种程度上与长期压抑愤怒有关。

第三，压抑愤怒，容易被欺负。

生命力减弱的结果，就是好欺负。一个长期不擅于愤怒的人，在社会上很容易吃亏。这句谚语就是在描述这种现象："人善被人欺，马善被人骑。"

理解愤怒

如果你不用愤怒来保护自己，你就会看起来软绵绵的，太好说话，那么很大程度上会受到欺负。

第四，压抑愤怒，会伤害关系。

虽然你不攻击别人，不会导致别人离开你，但是在关系里，你压抑久了，自然就会觉得不舒服。不舒服的感觉累计得太多，你就会想离开了。所以，如果你一直在压抑愤怒，你就会在每段关系里都想离开。时间久了，你会发现，你根本就建立不了深入的关系。

表达愤怒

表达愤怒，就是人在不愿意压抑或不能压抑愤怒的时候，跟随着自己的感觉，将自己的愤怒以某一种方式从体内流淌出来，去向外界。

表达愤怒的主要方式

·指责

指责是非常常见的愤怒表达方式：你因为家里的小狗乱排泄而发火，你对家里某个成员不满意而发火，你对员工的工作不满意而发火。这些都是在指责。

指责的核心就是：我很受伤！你让我不爽，我就也要让你难受！你不按我的要求来做，我就要惩罚你！我要让你感觉到害怕，让你知道你让我不爽的后果，我要让你感到后悔，去反省当初不该那么对我。

我们总觉得指责的人是很爽的，但其实很多时候当指责过后，人还是会很生气，甚至有时候会觉得自己很糟糕。

- 讲道理

讲道理的人带着一点压抑感,就像是水龙头里的水流变细了一样,看起来比较文明,但愤怒依然借着道理流了出来。

比如,孩子不听话,让你很生气。你就会跟他讲道理:不好好学习将来会如何没出息的。你要让他明白是他错了,他这样对你造成伤害是不对的,从而要求他改正。

讲道理与指责不同:讲道理的重点是以理取胜,效果就是让人说不过你,憋得难受。而指责的重点则是以势取胜,效果就是让人内心害怕,不敢反抗。

讲道理的人经常会觉得委屈:"我在跟你就事论事地讨论问题、解决问题,而你为什么要愤怒呢?"其实他们不知道的是自己看似在讲道理,但如果只说不听,就只是在发泄,而不是在沟通。

- 一致性表达

一致性表达就是很清晰地告诉对方你怎么了,对方如何伤害了你,以及你为什么生气。

这比给对方讲道理更高级。讲道理是在讲事情,是一种只看到事看不到人的状态。而一致性表达则是把感情也包括了进来:此刻,我很受伤,我在表达我的情感。

比如,当你愤怒的时候,你采取了直接告诉对方你内心活动的方式:"你一直不回我消息,我就很生气,因为我感觉到被忽视了,这让我很不舒服。"

理解愤怒

· 见诸行动

有人很想表达自己的愤怒，但是语言上会有困难。比如说，脑子比较笨，思维转不过来，就吵不过对方，讲道理也讲不过。有时候是，说了他也不听，听了他也不做，你觉得说了也白说。

当一个人对表达愤怒感到绝望，但又有表达愤怒的需求时，就会转而将愤怒指向语言之外的部分。比如：摔东西，甩脸色，冷战，暴力行为。

我们反对暴力，但有的暴力不能通过理性禁止而被制止。关系中出现的部分暴力行为是愤怒无法被正常表达的结果，它只是表达愤怒的一种方式。制止暴力的最有效方式，就是去处理愤怒。

表达愤怒的必然性

表达愤怒是必然的，因为人对愤怒的压抑是有限度的。压抑是靠理性力推动的，而表达则是靠感受力推动的。也就是说，压抑是理智的力量，表达是感受的力量，这是人体内完全不同的两股力量。理智是有限的，而感受则是无限的。

所以，即使我们主观上想压抑愤怒，也会在两个时候失效：

愤怒值过高的时候，理性会失效。

这时候人的感受大于理性，愤怒就会上位，占据主导，人就容易做出冲动的事。我们见过很多、也听说过很多一时没有忍住愤怒造成诸多严重后果的事。比如说，你对客户忍不住发了火，导致丢掉了工作；你对孩子没忍住发了火，结果孩子离家出走了。

其实，当你忍不住发火的时候是很正常的，因为人的理性本来就是有上限的，没有人能够无限忍耐。

在一段长期关系中，理性会失效。

在一段每天都相处的长期关系里，发生矛盾是必然的。如果你总是在压抑，你的理性终究也会耗竭，这时候人就会不自觉地被感受推着走了。这就是为什么我们会容易对亲密的人发火却对外人脾气好的原因之一。外人是社交关系、短暂的关系，他们带给我们的不快，我们很容易使用理性去控制它，多忍耐一下。但是在亲密关系里，你长期使用理性控制自己，就会把自己累坏。

如果一个人说自己很少愤怒，那只可能有两个原因：

第一，他的情感是被隔离的。因为他受不了什么大的刺激，所以为了保护自己，他选择把自己与自己的感情断联。

第二，他没建立过长期的关系，没有与人长期且高密度地相处过。

所以，很少愤怒的人，其实是很孤独的。

思考愤怒

愤怒是一种信号

早上我喝了一口热豆浆，烫着嘴了，特别疼。这种疼痛就是在提醒我，我的嘴巴可能要被烫伤了，于是我赶紧喝了一口凉水，这时候疼痛感就缓解了很多。我不喜欢疼的感觉，但我却需要这种感觉。假如我喝了一口有点烫的豆浆，却没有感受到疼痛，这才是件恐怖的事。可能我的嘴巴被烫伤了我都难以发现，然后它可能还会进一步糜烂，而我却毫不知情。

理解愤怒

身体的疼痛是一种信号，因为它在提醒着我们，自己的身体出毛病了。

愤怒也是一种信号。愤怒虽然会让人难受，却很有意义。它在提醒我们：我们的内心深处，出现了一些状况。

这时候，除了压抑或者表达愤怒，你还可以去思考一下此时此刻的愤怒：

> 我的内在经历了什么？
> 我的人生哪里出了问题？
> 愤怒在告诉我什么讯息？

你需要做的，不是对愤怒做什么，而是对你内在真正的问题去做些什么。当你能从内在改变，你就可以让自己变得更好、更快乐。借助愤怒，你会更加了解自己，从而掌握让自己变得更强大的方法。这时候，愤怒成了一个机会、一个入口。通过思考和解码愤怒这个信号所传递的讯息，去处理内在真正的问题，信号也就不会再"闪烁"了。然后你就可以感激一下愤怒送给你的礼物。

思考愤怒可以从六个层面展开：

- 愤怒中的评判
- 愤怒中的期待
- 愤怒背后的自我要求
- 愤怒中的爱

- 愤怒中的创伤
- 愤怒中的需要

这也是我们整本书的核心内容。

思考愤怒的条件

思考愤怒的好处显而易见，它是一种升华，是把愤怒转变为自我了解、把自己变强大的极好方式。思考愤怒，听起来很高级，但依然有局限。

首先，思考愤怒不是所有时候都合适的。

有的时候事情很重要，你就需要先去处理事情，而非沉迷在自己的世界里思考。

其次，思考愤怒，是需要一定的心理强度的。

有时候我们的内在非常脆弱，只是需要被安慰、被保护，这时候我们根本不愿去想那么多。思考愤怒需要从你身体里能跳出另一个自我，看着自己愤怒，然后开始思考。就像是自己给自己做手术一样，但是这听起来很难。

所以我还有一个建议：**愤怒过后，再去思考愤怒**。你不必非要强行让自己马上对愤怒进行思考。你可以在愤怒过后，在有精力、有心思、有兴趣的时候，再去复盘，进一步去思考自己当时的愤怒：

这次愤怒，告诉了你哪些信息？
你想怎么对待这些信息？

理 解 愤 怒

使用愤怒

愤怒其实是一个工具，而且是一个具有很大能量的工具。有的人会把这种能量叫作破坏力，觉得愤怒的攻击性太强、破坏力太大。实际上，破坏力只是一种能量，用错了地方才会造成伤害，用对了地方则是一种创造力。只要你会使用愤怒，它就可以帮你实现很多目的。

对愤怒进行内在思考后再使用，会让愤怒转化为人格层面的成长。人就是借着愤怒一次次更了解自己，然后一次次发现不必愤怒。

不必愤怒和不会愤怒是两回事。不必愤怒，是心里没有愤怒。不会愤怒，有时候则是单纯地在压抑。

但即使你不去思考愤怒，愤怒依然可以被很好地使用。

当愤怒的能量指向对方的时候，愤怒可以帮你实现：

·改变别人，让你满意。

如果你的员工工作懈怠，你可以对此表达愤怒，有时你的愤怒是必要的提醒，让他意识到问题，更认真对待工作。如果你的老公不够重视家庭事务，你也可以通过愤怒取得他的注意力，让他知道他的责任和义务。

不是所有的愤怒都能改变别人，如果你的愤怒能量不够，别人就会无动于衷。就像不是所有的炸弹都能开山辟路一样。有的人觉得使用愤怒改变别人有代价、不划算。那么，哪种改变别人的方法没有代价呢？如果你有更好的可以改变别人的方法自然不错,如果你没有,在你的能力范围内就先使用愤怒吧。愤怒不是唯一能改变别人的方法,但愤怒的确经常是一种特别有效的方法。

·维护边界,避免被伤害。

如果有的人正在对你进行指责侮辱,请对他愤怒吧,你的愤怒会让他及时闭嘴,对你保持尊重;如果你的朋友总是找你借钱,你也可以对他愤怒,让他知道他的行为会让你不舒服;如果你的孩子总是在你工作的时候打扰你,要求你,让你难以承受,你也可以对他愤怒,让他知道你的边界和底线,不再那么打扰你。

个人维护边界和国家维护边界是一样的,你需要使用强有力的武器阻止别人的侵犯。当然,如果你内在的能量足够大,边防足够结实稳固,你只需要温柔而坚决就够了,的确不需要通过愤怒来维护边界。但如果你内在的能量没那么大,你就需要使用愤怒了。

·引起关注,获得被爱。

有的人看见伴侣在玩手机、打游戏、加班,他们就会对伴侣愤怒,这时候伴侣就会停下手头的事,给予对方关注。因为在亲密关系中,如果你不懂得生气,对方可能永远都不知道你想要什么。

很多妈妈会期待自己的孩子听话顺从,但其实顺从的孩子是最容易被父母忽视的,父母只是夸他们几句就去忙别的了。在这样背景下长大的孩子,只有通过发脾气,才能强行让父母放下自己手里的事,给自己一点关注。虽然很多时候换来的是父母的指责、谩骂等负面关注,但这也比寂静的世界里无人关注要好很多。

理解愤怒

在人际关系中，当你把愤怒指向对方的时候，可以满足你很多内在的需要，但其实愤怒可以做的不仅仅是这些。

愤怒的能量转移到其他领域的时候，依然可以转化成惊人的创造力：

·运动

运动是比较常见的释放愤怒的方式。有的人说，如果你感觉到不开心，就去跑步吧，跑步可以治愈你的心情。的确是这样，拳击、跑步、打假人等方式可以疏散自己的愤怒。这其实是通过具有一定强度的运动，释放了自己的攻击性。

通过运动，你把愤怒转化成了身体健康的动力。

·挑战自我

愤怒会让你变得勇敢。人在愤怒的状态下，有时候会暂时丧失理智：买很多东西，去高档餐厅吃饭，去旅行，去蹦极。很多你平时不舍得买的、不舍得做的、不敢做的事，在愤怒状态下，你都会脑子一热勇敢地去做了。

挑战自我和通过转移注意力压抑愤怒是不同的。它们的区别是：如果你把愤怒的能量转移到让你感到很爽的事情上，你边愤怒着边做这些事，那时你并没有忘记愤怒，你是在使用愤怒去创造。但如果你把愤怒转移到同样压抑的工作、家务上面，企图忘记愤怒，那么这就是一种压抑行为。

·竞争

那些发愤图强、卧薪尝胆、十年不晚的君子之仇，都是依靠愤怒来支撑的。有很多巨大的上进动力，是要依靠委屈、屈辱、恨等方式来产生的。就像有一句话这样讲："被猎人打伤的熊跑得更快，被人伤了的心会更加发愤图强。"

"我不服""我不甘心""我不认输"这样的想法，其实就是心中怀恨且无法正常发泄，人就会通过暗自努力来竞争过其他人从而释放自己的攻击性。

使用愤怒的前提，就是接纳愤怒、允许愤怒。你要跟它站在一起，而不是去对抗它。就像是一匹野马，你要试着驾驭它，让它带你往有益的方向走。你在使用愤怒的时候，需要保持一个觉知：当你的行为偏离正常方向的时候，你要及时叫停或者更换方向。也正如驯马一样，往合适的方向走，你的速度就会加快，但如果你让它就地乱跑，那对你来说就是一种损伤。

愿你拥有，愤怒的自由。

> **思考与表达**

写下你的一次愤怒经历。是对谁产生的愤怒？发生了什么？

1. 重新梳理，在你愤怒的那一刻，你是如何应对自己这种情绪的？你怎么看待自己的这种处理方式？
2. 你压抑过自己的愤怒吗？什么时候？为何压抑？你是用什么样的方式来压抑的呢？那次压抑，带给你的好处是什么？坏处是什么？
3. 你表达过自己的愤怒吗？什么时候？为何表达？你是如何表达的？那次表达，带给你的好处是什么？坏处是什么？
4. 回忆并写下你的一次愤怒（或者用前面的）：它在告诉你一些什么样的信息？你怎样可以让它帮助你完善人格，实现自我成长？
5. 回忆并写下你的一次愤怒（或者用前面的）：你的愤怒帮助你实现过哪些目的？你使用自己的愤怒做过哪些事？如果重来一次，你期待自己如何应对那次愤怒？你会怎么做？

02

评判：你是错的，所以你应该改

愤怒中的评判：
你是什么样的人，我说了算

/ 100 种理解的可能 /

当一位妈妈说："我的孩子吃东西的时候，总是吃一半丢一半。"代入一下，如果你是这位妈妈，当你看到自己的孩子也会这样做的时候，你会怎么想呢？你会有什么样的情绪和反应呢？你会如何解读孩子的这个行为呢？

关于这个行为，有太多解读的可能性了，比如：

你这么吃太浪费了！我好生气啊！

你想吃就吃，不想吃就扔了，简直是太任性了！好生气啊！

我这么辛苦地为你做饭，你却这么肆意地扔掉，这是对我劳动成果的不尊重！好生气啊！

你喜欢的就吃，不喜欢的就不吃，我的孩子好有主见呀。开心！

边吃边扔，这饭是有多难吃啊。这么难吃，你还要忍着吃，真是太难为你了。心疼！

小孩子玩玩具，就是边玩边丢的。这么扔饭，是把饭当成玩具了吧，小孩子可真会玩啊。有趣！

……

孩子吃饭的这个行为有不下 100 种理解，不同的理解完全会导致当事者不同的心情。即使同样是生气，生气和生气也可能完全不一样。那么，哪一种理解才是对的呢？孩子之所以这么做，真实的原因是怎样的呢？

其实这些理解都是对的，并不冲突。在你没有去跟当事人沟通、核对之前，一切都只是你自己的猜想。大多数妈妈，都会在看到孩子吃饭这个行为后，直接性地进行自己的解读，紧接着就根据自己的理解做出反应。比如生气。

所以，让一个人生气的，并非他人做了什么，而是你如何理解他人的行为。这个解读的过程，就是在贴标签。

/ 什么是贴标签？/

他人做了什么、说了什么，这都是一些外在刺激。这些刺激被你的眼睛、耳朵、鼻子、皮肤等感觉器官所感受到，这时候他人的行为就对你产生了影响。但这些刺激本身不足以导致人愤怒。这些刺激得经过中枢神经系统传输到大脑，然后大脑完成一个判断，给他人的行为做一个命名。经由大脑对这个命名的理解，你对他人的愤怒就开始了。

因此，贴标签也叫作命名、评判。

这个过程是非常快速的。快速到你自己都没有意识到自己做了判断，然后你就根据这个判断做反应了。

比如：孩子放学一回到家就开始玩，直到晚上 8 点仍然在看

理解愤怒

电视，完全没有去做作业的想法。这时，对于这个画面，你的大脑自动地对孩子看电视的行为贴的标签是什么呢？

有的人对其贴了"懒惰""不上进""不认真"等标签。当这个孩子被贴上这些标签的时候，你就会很自然地觉得他很糟糕，这时候你的愤怒就会被启动了。有的人则为其贴上了"会放松""懂劳逸结合"等标签，他们觉得孩子很懂得照顾自己，这时候他们为孩子感到欣慰。

再比如：老公回家之后就躺在沙发上，不做家务，也不带孩子，还不愿意跟你多说几句话，他只是拿着手机在玩游戏。当你看到这个画面，你会贴什么标签呢？

有的妻子对其贴上了"不顾家""不负责任""不爱我"等标签，这时候她们就会对自己的老公启动愤怒。也有的妻子为其贴上了"他工作累了""他为了家付出了太多"等标签，这时候她们就会选择体谅老公的不易。

贴标签，完全是你根据自身的内在经验和理解去加工外在事物的过程。这个理解，决定了接下来你会有什么样的情绪。因此，思考愤怒，首先是要找到标签。而思考标签，其实就是找出：**当你愤怒的时候，你是如何评价他人的？**

/ 标签并非事实 /

有些人觉得："我的伴侣就是对家不管不顾，特别自私。不是我觉得他自私，是他本来就很自私。这是一个事实，所有人都觉得他自私。"也有些人认为："我的孩子写作业时总是很笨，不是我觉得他笨，是事实就是如此，老师也都这么说他。"

那么，什么是事实呢？事实是客观的，是不以观察者的不同而发生改变的。一块石头三斤重，你让谁来称，它都是三斤重。但你说伴侣自私、孩子愚笨，观察者切换的时候，结论还是一样的吗？你的伴侣也觉得自己是自私的吗？你的孩子也觉得自己笨吗？我猜他们应该不会这么评价自己。所以，自私、笨，这都是你自己视角下的答案。

当然，绝对的客观是不存在的。"三斤""重"都是人类为了生活方便发明的统一的标签认知。我们这里说的是相对客观。那么，真的是"所有人"都这么觉得吗？最多你周围的几个人这么看待他，这也只代表你们几个人的视角，这能代表客观吗？

要知道，"他人是自私的、愚笨的、不靠谱的、冷漠的"这些评价，都只是你的大脑创造的事实，并非客观事实。然而在你的主观世界里，你无法觉察到这只是你的个人评判，你会误以为这就是客观事实了。

就像是用井底之蛙的视角观察一样，天空只有井口那么大。一只鸟说："我从万里之外飞来，口渴死了。"青蛙说："你在撒谎！天空就井口这么大，你怎么可能从万里之外飞来呢？"

一个人局限在自己的认知里，就会认为自己所认为的就是事实。当别人在解释的时候，他会觉得别人在否定事实，会更愤怒。因此，愤怒其实是在说："你是什么样的人，是由我说了算的！你必须同意我，不接受反驳！"

理解愤怒

/ 标签是一种忽视 /

贴标签也是对他人的一种忽视。因为当你给对方贴上标签的时候，你就丧失了了解真实他人的动力。标签一旦贴上，我们就容易忘记这个本来只是标签，从而丧失了其他探究的可能性。当我们执着于自己的理解，就看不到真实的他人了。

如果妈妈常对孩子说："你太懒了！你太笨了！"那么这种标签一旦贴上，妈妈就开始了对懒、笨的愤怒，很难再静下心来耐心地思考：孩子怎么了？他发生了什么？

如果妻子常对丈夫说："你太不负责任了！你太无能了！你太自私了！"这种概括化的标签贴上后，妻子就很难再有兴趣去了解：他怎么了呢？他发生了什么？

即使给别人贴了正向的标签，依然是一种忽视。因为别人可能依然会觉得："如果我不是你想的那样，你还会喜欢我吗？"

比如，如果妈妈一直认为自己的孩子非常优秀，那么孩子就有可能会质疑真实的自己是否优秀。他就会恐慌自己万一变得不优秀了，妈妈是否还爱我呢？退一步讲，即使他真的相信了自己是优秀的，到了社会上却得不到他人对自己优秀的评价，那么他的自尊就容易受伤。所以很多被夸着长大的孩子，进入社会后依然会伤痕累累。

再打个比方，有一个人喜欢你，他说喜欢你的很多优点。你可能不会觉得高兴，反而会质疑：你是不是对我有太多的想象？

万一我不是你想的那样，你不就不喜欢了吗？

当你越是给他人的行为命名，你就越是难以看到真实的他人。这时候你跟他人之间，就隔了一个标签。你越是对标签执着，就越是无法跟他人建立真实的连接。

所以无论这个标签是正向的还是负向的，你都已经忽视了真实的他人。

/ 愤怒源于标签差异 /

其实就算给他人贴了一个标签也无所谓，如果对方积极承认，你也不会愤怒。可对方是个真实的人，他很难完全认同你的看法，他对自己的行为有自己的理解，与你的不同，这时候你就会愤怒了。

比如一位妻子说："我对老公很愤怒。先前我们买了一套二手房，我跟老公早早约定，让他提前一天回家一起去收房，期间提醒了他好几次。结果到了交房的前两天他来电话说他买了交房当天的航班，并且认为自己不一定非要在场。我一下子怒火中烧，大骂了他一顿并挂断电话。我很愤怒老公对家里的事情不上心，不守承诺，只顾自己方便，真是太自私了！"

这位妻子给老公贴的标签"自私""不上心""不守承诺"。可是老公并不同意这些标签啊，他对自己的行为有另外一套认知标准，他觉得自己这是"随意""灵活"。同时，老公对妻子所贴标签的评价是"小题大做"，他觉得："交房又不是买房，这么小的事至于吗？你自己去不就行了吗？"但这位妻子对自己行为的

理解愤怒

评价却是"认真"。她觉得自己在非常认真地对待买房这件事。

两个人对同一件事情的认知不一样，两个人便都愤怒了。

因此，如果你对一个人愤怒，你首先要去思考的是：

在这个事件中，你的标签是什么？对方的标签是什么？

你们的标签是不同的，应该如何去处理呢？

处理愤怒的方法之一，就是看到你们彼此所贴标签的不同，并去处理这个标签的差异。

思考与表达

写下你的一次愤怒经历。是对谁产生的愤怒？发生了什么？

1. 从这次愤怒中，你可以问自己几个问题：
   他做了这些，你觉得是怎样的行为？你可以用几个形容词描述他的这种行为吗？

2. 选出你最有感觉的那个词，生成以下句子。想象让你愤怒的那个人站在你的面前，大声地说给他听。
   你这就是 ____！我说了算！
   你这就是 ____！你必须要同意我！
   你就是一个 _____ 的人！你也要这么认为！

3. 这样的做法带给你的感受是什么？有什么想法？

4. 你觉得，他会同意你为他贴的标签吗？如果他不同意，你猜他会怎么解释自己的所作所为？

5. 你怎么看待你们标签的差异？

愤怒要解释：
你不解释，别人真的不知道你在生什么气

/ 不在同一维度的交流 /

当你在和对方生气的时候，虽然你们两个人可能都有很多话想说，你们谈的也可能是同一个问题，但你们谈的却不是同一个话题。

比如你们在谈论一部手机，你关注的是颜色好不好看，他关注的是配置参数是什么。看似你们都在评价这部手机好不好，然而却根本不是在同一个维度上谈。关键在于，你们不知道对方不清楚自己的维度，仅仅以为对方不懂、不配合，然后就生气了。

其实比贴标签更糟糕的，是你自己默默地贴完了标签而不表达，对方并不知道你怎么看他。同样的，他也给你的行为贴了标签，也不表达，结果就是你们都不知道对方在意的是什么。

举个例子，有人这样说："今天早餐的饼是剩下的，味道不好了，我又买了现炸的油饼，想让家人吃好点，孩子天天上网课时间很紧张，吃得好很重要。老公看到后很生气，他说：'饼还没吃完，你又买新的。吃不完的难道要扔了吗？'"

她接着说："我生气的是他怎么能这么说呢！他没发现我有

多用心吗？他这是什么逻辑！不好吃就一定要扔吗？"

我问她："那你是怎么处理的呢？"她说："我很生气！但还是平静了一下对他说，'不扔呀，凉掉的饼可以拿鸡蛋煎一下再吃。'"

看得出来，这位妻子在竭力控制自己的愤怒，努力心平气和地跟老公沟通。然而这种沟通却特别消耗力气，又没什么效果。因为他们谈论的根本就不是同一个话题。

她对老公的行为所贴的标签是"看不见我的用心"，她很想跟老公交流的话题其实是"我很用心"。但她老公对她买新油饼这个行为所贴的标签是"浪费"，他在说那些话的时候，想交流的话题其实是"不要浪费"。

两个人都在交流买饼的事情，但一个在交流"用心"的问题，一个在交流"浪费"的问题。他们根本不在一个维度上。

人生可悲的事就是：你生了一顿气，对方也很害怕，然而他却不知道你为什么生气。更可悲的是，你以为他知道你为什么生气，实际上他根本不知道你生气的原因，而你也不知道他不知道。

/ 表达出你的标签 /

愤怒在说：你很在意某个特质。当你跟对方交流的时候，就需要把你所贴的标签表达出来：

理解愤怒

> 这件事对我来说,代表了××;
> ×× 这个问题对我来说很重要;
> ×× 是我人生的一个议题;
> 我想邀请你照顾一下我在意的这个部分。

比如刚刚提到的这位妻子,她可以在老公指责她为什么买新饼后,对他说:"买新饼代表了我对家很用心,用心对我来说是一个很重要的问题,我希望你能照顾一下我对用心的在意。"

老公也可以说:"在我的理解里,旧的没吃完就买新的,是一种浪费的行为。不能浪费,是我人生的一个议题。我希望你能照顾一下我对浪费的敏感。"

这时候,他们就在做一个真正的交流了。

我还听到一位朋友曾说:"周末休息日,孩子制定了作息计划。我想着尊重孩子,一整天没怎么过问,母慈子孝。等到晚上八点一看,他只把娱乐项目按计划全部执行了,而三个作业,有两个没做。我就愤怒了,因为孩子辜负了我的信任,我对他很失望。"

她对孩子的行为贴的标签是"辜负了我的信任",可是孩子知道吗?他不知道,他只知道因为没有写作业而惹你愤怒了,但他永远都想不到你是因为"被辜负信任"而生气。他只会觉得:妈妈很苛刻。

所以,当你愤怒的时候,你可以先问自己几个问题:

- 愤怒的时候，你在意的是什么呢？什么特质对你来说很重要？
- 对方知道你在意什么吗？你有传达过你的在意吗？

/ 解释的必要性 /

实际上，即使你表达了什么对你来说很重要，对方还是会忽视。因为在他的认知里，无法理解为什么这个东西这么重要。单纯"重要"两个字，并不能让对方明白。不理解，也就无法真正重视。

这时候你需要做的就是进一步沟通。沟通并不是一件简单的事。沟通不是说话，沟通是说、听、理解、反馈的过程。在生活中，很多人会不愿意花力气去思考如何沟通，只会凭借自己的感觉随意说话。

沟通中很重要的一个元素，就是解释。**解释某个东西对你来说为什么很重要，这样别人才有理解并照顾你感受的可能。**

比如，一位同学说："我每周都至少和爸爸通一次电话。最近工作比较忙，会提前和他约好打电话的具体时间。上周约好周一晚上8点半，但爸爸晚上7点半就打给了我。当时我正在开会，看到来电我的火气突然就控制不住了，跑到办公室外面接起电话就责怪了他一通，抱怨他为什么不按约定时间打电话。"

这位同学和爸爸约定的是"周一晚上8点半打电话"，他想强调的重点是"周一晚上8点半"这个时间。但在爸爸那里，一

理 解 愤 怒

部分信息或许已经被过滤掉了。爸爸听到的重点更可能是"打电话",时间无所谓。最多能记到周一,不能更具体了。

因为爸爸理解不了为什么 8 点半重要,自然就无意识地过滤掉了。我们听别人传达的信息时,不会把全部细节都听得很完整,我们会着重把自己想听的信息记住,把我们觉得不重要的信息忽略掉。

那么,对于这位同学来说,他很在意的是爸爸"是否能遵守约定"这个问题。但爸爸和他在意的重点不一致,因为在爸爸的处境里,这不是什么大事,所以自然就忘了,他也无法理解孩子为什么这么在意。因此,当你向对方表达一个标签的时候,你要向对方强调和解释,让对方理解,为什么这个问题很重要。如此,才能引起对方真正的重视。

解决愤怒的方式之一,就是告诉对方,什么对你来说是重要的,以及它为什么重要。如此,你就能找到一个新的引起对方重视的方法,从而代替愤怒这个有点武力倾向的方法。

当然,这也未必有用。当你明说后,对方也很有可能是真的不在意你的在意,就算你愤怒了,他也还是不在意。而且你越愤怒,你也只能越挫败。

/ 愤怒的正向意义 /

愤怒在告诉你,你在意的是什么,并且在积极维护你所在意的东西。当你愤怒的时候,你可以先暗示自己:"对我来说,有些东西很重要,我想去维护它!"

这是我们需要感谢愤怒的部分。

现在,愤怒除了告诉对方重视你在意的部分外,你还可以直接去表达你的在意,去解释你的在意。

有的人可能会说:"我表达过了,也解释过了,对方还是不改变怎么办?"

表达、解释只是我们维护自己在意部分的可选方式,不是绝对有效的方式。当你知道某个东西重要的时候,你可以有更多的方式来维护自己重要的东西。比如说"不浪费"对你来说很重要,那你可以要求自己不要去浪费,发动全家的节约行动等。

/ 当他人愤怒的时候 /

当他人对你愤怒的时候,你也可以去好奇他对你贴的标签是什么;对他来讲,重要的又是什么。

当你找到这个答案,你就可以迅速去维护你们的关系了。你跟对方一起珍视他所珍视的部分,你们的关系会迅速升温。比如刚刚提到的那位买饼的妻子,当她发现老公在意的是"浪费"这个问题后,她就可以去欣赏老公的节约:"我看到你不愿意浪费,你真是个懂得节约的好老公。"

如此,你觉得她的老公会有怎样的感受呢?

相反,如果这位妻子想破坏他们的关系,她就可以这样告诉他:"浪费又怎样?这个东西,一点都不重要!"

思考与表达

写下你的一次愤怒经历。是对谁产生的愤怒？发生了什么？或者直接使用前面的愤怒案例。

1. 找到让你愤怒的标签。
2. 尝试生成以下句子，并大声朗读出来：

    ＿＿＿＿（标签）对我来说，是很重要的！请你重视它！

3. 这带给你的感受和想法是什么呢？
4. 你有没有重视自己的这个部分呢？你有没有向别人传递过，你很在意呢？你是怎么传递的？对方是否接收到了你传递的在意？
5. 如果可以为自己在意的这个部分说点什么，来让对方理解的话，你想怎么去表达？
6. 除了要求对方配合你实现外，你还可以为自己在意的这部分做些什么？
7. 欣赏自己的在意，你可以怎样表扬自己？

学习使用具体化表达，
化解评判

/ 以点及面 /

破除标签，首先要了解标签的产生过程。

贴标签，使用的是一个以点及面的逻辑，是一种高度概括的表达。你看到对方做的某件事，其实是一个点，一个属于此时此刻的点。但你却用了一个表达人格的词来概括它，好像他一直都是这样的人一样，这就是一个面了。

人格具有稳定性，当我们觉得一个人是自私的、计较的、不上进的、冷漠的、霸道的……我们潜意识里会感受到，并且会传递出两个信息：

· 你一直以来都是这样的人，以前是，现在是，以后也是。
· 你在很多方面甚至所有方面都是这样的。

你的伴侣此刻没拖地，这只是属于"家务没做好"这个面上的一个点，而家务没做好只是"自私"这个面中的一个点。你用此刻没拖地，推导到自私这个面，就是以点及面。

理解愤怒

从数学上来说，确定一个面，至少需要不在同一直线上的三个点。同样，确定一个人有怎样的人格特点，你也至少需要多搜集一些不同领域的证据进行评价。**使用人格词汇对一个人进行评价的时候，无异于给他人扣上了一顶大帽子，在你的世界里给他人的一生下了一个定论。**

想象一下：你出去喝了一次酒，回到家后，就被伴侣扣上一顶"你就是个自私鬼"的帽子，你会有什么样的感受？再想象一下，你买了一支口红，马上被伴侣扣上一顶"你真是个败家子"的帽子，你又会有什么样的感受呢？

这种打击力度还是很大的。而且，对你也不怎么公平。

/ 区分的两个小技术 /

要破解愤怒，就要使用理性来推动自己，反概括，反标签，反以点及面。

第一步就是做区分，要知道标签只是其中之一的认知，并非代表了事实。这里有两个小技巧，可以帮你做区分：

· 找到他的 -A 面，证明他不是 A。

人格是一个立体的存在，并非平面。每个人本来就是众多 A 与 –A 的结合体：既是上进的，又是不上进的；既是善良的，又是邪恶的；既是勤奋的，又是懒惰的。关于他是个什么样的人，只要你去找证据，都能相应地找到。

比如说，你给伴侣贴了一个自私的标签。但只要你去找，你就可以找到他不自私的至少三个点，以此来证明他不是个绝对自私的人。你给孩子贴了一个笨的标签，那你就去找三个以上证明他不笨的证据。哪怕一个人自己觉得"我是个自卑的人"，你都可以找到至少三个不在同一直线领域里他很自信的点。

所以，即使你用三点确定了他的 A 面，这也不影响他有另外三个以上的点，可以确定他的 –A 面。而你一旦开始意识到对方既有 A 也有 –A 的时候，你对于"他这就是 A"的执着程度就减弱了，你的愤怒也开始被缓解了。

· 找到一个点所在的不同面。

空间中的一个点，可以存在于多个平面。你可以找出当下你愤怒的这个点，还在哪几个平面上。

当下也许你的伴侣没做某件家务，这是一个点，然后你习惯性地确立了他很自私这个面。但其实这个点，不仅能说明他自私，也能同时说明他爱自己、不强迫等，这些是不同的平面。

也许你的孩子总是犯相同的错，这时候你首先会意识到这个点在不聪明这个平面上。但同时可以看到，这个点也在坚持、执着等平面上。

一个点是同时存在于很多不同平面上的，你怎么能把你发现的这一个面就当成唯一呢？

具体化表达

第二步是具体化表达,尽量避免给别人贴上概括化的标签,尽可能地使用描述事实的方式进行表达。具体化的过程,就是反标签的过程。

比如,孩子做错一道题。这时候你该怎么去表达呢?

具体化的表达:这道题,得出的结论跟正确答案有一定的差异。

相对具体的表达:这道题你做错了。

概括化的表达:这道题都不会,你太笨了!

再比如,老公跟朋友聚会,晚归。你可以有三种表达方式:

具体化的表达:你今天回来的时间比约定的晚了1个小时。

相对具体的表达:你今天回来晚了。

概括化的表达:你一点都不体谅我,只知道自己玩,太自私了!

从这两个情境中,你可以感受一下这三种不同的表达,会带给你什么体验呢?

从容易沟通的角度来说,越是具体化的表达,越是接近于事实。越是概括化的表达，越是远离事实。造成的沟通后果就是，**越是描述事实，越容易沟通；越是概括贴标签，越容易引发对方的抵触，难以沟通。**你跟孩子说"你这道题，和正确答案有点差异"，你们就相对容易聊下去。但你说"你怎么这么笨"，你们继续沟通就会比较困难了。

从愤怒程度的角度来说，**越是具体化的表达，你体验到的愤怒就越小；而越是概括化的表达，你体验到的愤怒就越大。**

从对方受到伤害的角度来说，**越是概括化的标签，越是伤人；而且越是夸张化的标签，就更伤人；而越是具体的表达，则伤害性越小。**

/ 概括化表达的好处 /

即使具体化表达是很好的，但你会发现表达起来却很难。人们之所以喜欢概括化表达，是因为这是一件利大于弊的事情。

第一个好处，就是省力。

概括就是归纳信息。如果你能够对各种复杂的信息和现象进行归纳，就能在短时间内处理大量的信息，并储存在大脑中，大量的储存又能帮助你更加快速地处理信息。大脑非常聪明，它遵循着"最省力"的原则运行。为了省力，就需要归纳这些信息，而归纳，就产生了标签。

当你描述"我今天上了一天班，回到家里，看到你没有做饭，躺在床上玩手机"这么真实、客观的细节，会给你什么样的感觉呢？你会觉得麻烦，憋得慌。不如把这个现象概括为"我觉得你很自私"来得省力。但如果你想跟对方有一个好的沟通，想跟对方建立深度的关系，你就必须要用你的理智，做一点推动性的工作。这个过程，需要"反省力"，也就是需要耗费你一部分的力气。

第二个好处，是可控。

贴标签，就是用你已有的知识，去理解事物，去理解他人的行为，去理解这个世界。也就是说，贴标签是一个通过已知理解未知的过程。既然已知，也就相对可控了。所以说，贴标签能够给你带来一种可控感。

比如说，你刚加入一家新的公司，环境、同事等对你来说都是不熟悉的，这就会让你感到有些不安，这是一种类似于失控的感觉。这个时候，为了避免失控，你就会快速地给未知的他人贴上标签，比如这个同事是"温和"的，那个同事是"暴躁"的……有了这些标签后，新的环境、陌生的他人就变得已知、可控了。

再比如说，老公常常莫名其妙地发脾气。那么老公什么时候会发火，为什么发火，对你来说都是未知的。这种未知让你小心翼翼、提心吊胆地生活，以此带来的失控感太让人难受了。怎么办呢？于是你就给老公贴上"暴躁""情绪不稳定""神经病"等标签，这样好像马上就能理解他为什么发脾气了，毕竟神经病时不时发火还挺正常的。

可控感虽然让人舒服，但如果你想跟对方有好的沟通和关系的话，你就要面对这种失控。你会感觉茫然、迷惑，不知道如何表达，这时候你需要一定的耐心和好奇来完成对对方的理解，找到你们统一、共同认识的标签。

/ 欣赏自己的聪明 /

当你愤怒的时候，你也可以用一种欣赏的眼光重新看待自己。我知道对有些人来说，欣赏自己是件很难的事。但如果你静下心来观察自己，你就会发现自己是多么棒。

你真的很舍得对自己好：说话采用最省力、少动脑的方式。能简单粗暴地沟通，绝不细致耐心地交流，这是你保护自己的一种方式。

当你面对自己不够了解的人和事物的时候，你懒得去细想到底是怎么回事。你会用最简单的方式完成理解，给自己的头脑留出更多空间。

思考与表达

写下你的一次愤怒经历。是对谁产生的愤怒？发生了什么？或者直接使用前面的愤怒案例。

1. 找到这次愤怒中，你对对方的评判、标签。你认为他是一个什么样的人。
2. 找到他 -A 一面的三个证据，证明他不是 A 这样的人。
3. 根据当下他做的这件事，找到除了 A 之外的另外三个平面。即找出另外三个可以概括的标签，形容当下这件事。
4. 当从这两个角度去思考标签的时候，你会有什么感受？
5. 尝试使用具体化描述的方式，不带评判地描述当下发生的事，并写下来。而后尝试跟对方做沟通，看看有没有不同的效果。

愤怒时的否定:
当我愤怒,你就是错的

/ 愤怒是一种否定 /

当我们对一个人的行为进行评判,为其贴上一个标签的时候,我们的内心也会同时对这个标签产生判断:

"你这是好的,或者坏的。"
"你这是对的,或者错的。"
"你这是高级的,或者低级的。"
"你这是应该的,或者不应该的。"

我们的大脑,会把对方的行为,按照自己的价值体系进行归类。就像是收纳一样,先为这个物品命名,然后放置到相应的储物箱内。同样,如果我们把对方的行为贴上"自私""上进""善良""邪恶"等标签,也会相应地把它们放置到"好"或者"坏"的储物箱内。

当一个人愤怒的时候,他内心最直观、最想说的话,其实是:

理 解 愤 怒

"你错了!"

"你这是不对的!"

"你这是糟糕的!"

"你这是低级的!"

"你不应该这样!"

这个过程就叫作否定。我们给别人贴了标签,本身不会导致我们愤怒,我们的内心对这些标签产生了否定和抵触,才导致了我们愤怒。

你认为自私是错的、不应该的,而他做了错的、不应该的事,所以你才愤怒了。如果你认为这些是优秀的品质,是好事,你就会欣赏他,而不是对他愤怒。

你觉得他错了你就会愤怒吗?是的,但比这更让你愤怒的,其实是他不同意自己错了。这时候你就会产生一种新的冲动,想更加愤怒把他的认知矫正过来,让他承认自己错了。

因此,愤怒也在说:

"这就是你的错,你必须要同意我!"

有人会觉得很奇怪,不禁发问:难道"自私""不上进""懒惰"不是错误的事吗?难道不是不应该的事吗?这不是事实吗?难不成这还是好事?

有时候的确是好事。你凭什么说这些标签,本质上来说就是错的呢?只是因为你觉得是错的它们就是错的吗?

/ 自私是错的吗？/

以自私举例。我不知道自私是不是错的，但我知道，敢于自私的人活得比不敢自私的人要爽很多，自私的人比不自私的人要活得更久。如果自私是一种错的话，那么逻辑就会变成这样：过得爽比过得压抑要错，活得久比活得短要错。

但是，自私有时候的确特别招人讨厌，甚至会招人责骂。所以，从生活愉悦感的角度来说，自私是有利的，是好的，是对的。但从招人喜欢的角度来说，自私是有害的，是坏的，是错的。

人为什么会自私呢？因为在自私的那一刻，可以获得更多的利益啊。而如果你太无私、太宽容、太谦让的话，那一刻你可能就要遭受某些损失了。不过，从长远来看就不一定了，自私的话损失可能会更大。而无私则有可能会是一种投资，以短期损失获得长期平衡，以此获益。

所以，从这一刻的获益上来看，自私是对的。但从长远利益上来讲，自私是错的。

很多妈妈也会教孩子"出门在外，不要太善良，多自私一点，这样能保护好自己"。也有另外一些妈妈教自己的孩子，"出门在外，不要太自私，这样会比较好交朋友"。那么，她们谁对谁错呢？如果一位妈妈明知道自己是错的，她还会教自己的孩子这样做吗？

从保护自己的角度来说，自私是对的。从交朋友的角度来说，自私是错的。那么，这两种妈妈，其实是各有各的角度。

所以，从某些角度上来讲，自私是错的。而从另外一些角度看，自私就又是对的了。一个人站在什么角度上，他就会对自私有什么样的认识。

/ 不上进是错的吗？/

不上进是错的吗？

我在某医院精神科实习的时候，接待过一对前来求诊的夫妇。这对夫妇都是博士，他们的苦恼是孩子太上进，太爱学习。还在读小学，就梦想去美国读博士。这对夫妇看着孩子才上小学就给自己这么大的压力，特别心疼，很怕孩子因为迷恋学习、太上进，而错过了童年的快乐。

对他们来说，上进是不好的。

但在这座城市中，很多平凡的父母，因为没有获得过高学历而感到自卑或人生不完整，然后他们把这个现状定义为失败，并且归因为不上进。他们觉得：都是我不够上进，才导致了我现在的平凡。这时候他们看到自己孩子不上进，就会愤怒，会觉得那是不应该的。

所以，上进对与否，这取决于从谁的角度出发，取决于这个人当下更想要的是什么。

在这座城市里常会听到青年才俊"猝死"的新闻，他们过于勤劳，但却从未听说过有人真的堕落死了、安逸死了、懒死了。虽然我们经常诅咒一个人说"你都懒死了！"，但我们从未真正见过这个诅咒在人身上应验。

所以，不上进到底是对的还是错的呢？

/ 对错存在，但不绝对 /

这个世界上有对错之分吗？有的。但讨论对错之前，一定要先明确两个要素：观察者和标准。

电影《我不是药神》里讲了一个走私药物的故事。主角程勇不为盈利，只为拯救那些买不起正版药的人能活下来而走私药品。他错了吗？从法律上来讲，他是错了，因为走私犯法。但是对那些被他拯救的患者来说，他又是对的。

对错是存在的，谁制定了标准，对错就由谁来决定。从你的角度看，他错了；但在他的角度，他却是对的。你们的视角不同，标准不同，结论就不同。其实不存在"客观"上谁对谁错。不仅是对错这样的二元对立，实际上一切评判，都是需要标准才能存在的。高低、胖瘦、富穷、远近、上下、聪明和愚笨，这些形容事物的词，都是无法单独存在的。

我们说一个人很傻的时候，内心一定先有了一个不傻的角度和标准，才能下这个结论。比如你觉得某一个人很傻，你得有一个比较，是跟什么比、跟谁比他很傻。如果你再换一个低标准来做比较，他就变得聪明了，只不过平时我们为了方便表达，会无意识地忽略标准。这样的表达无伤大雅，但在一些容易产生分歧的情境中，这种标准就不能再被忽略了。

理 解 愤 怒

/ 对错建立在一定的标准和角度上 /

当一个人对你愤怒时,他觉得你错了。而你面对他的愤怒,同样也会感到愤怒,你也觉得他错了。你们互相觉得对方错,于是就有了争吵。

所以两个人吵架的经典对白一般如下:

> A:你错了!
> B:我没错!
> A:你就是错了!
> B:你才是错的!
> ……

那么,到底谁是错的呢?

我们不强求你在表达的时候不去否定别人,毕竟憋着很难受。我们只是建议,表达对错的时候,加上标准和角度。

如果你觉得自私是错的,准确地说,应该这样表达:"你的自私影响到了我的利益。从我的利益出发,你这是错的。"但是对于对方来讲呢?就变成了:"我自私(在他承认这个标签的前提下),是为了保护自己的利益不受损,对我来说,这就是对的。"

当别人对你愤怒的时候,你也可以去跟他做一些探讨,尝试去发现:对对方来说,他是从哪个角度出发,认为你是错的呢?

思考与表达

写下你的一次愤怒经历。是对谁产生的愤怒？发生了什么？或者直接使用前面的愤怒案例。

1. 找出这次愤怒中你对对方的评判以及所贴的标签。然后生成以下这样的句子，并大声朗读，体验一下你内在的感受：

    你 _____ 就是错的！我说了算！

    你 _____ 就是不应该的！你必须要同意我！

2. 找出你是从哪个角度评判他这样是错的。

3. 完成这个句子，并大声朗读，然后写下你的感受：

    对我来说，从 _____ 角度来说，你这就是错的！

4. 试着猜想并写下来：他是从哪个角度出发，认为自己这么做是对的呢？当你按照这样的步骤写完后，你的感受是什么？

全面否定：
你怎么各个方面都不好

/ 愤怒是一种悲惨感 /

当你愤怒的时候，除了生气，内心深处还会有一种悲凉感。有个声音在说："我好惨啊。"

愤怒的人，看起来是个攻击性很强的人。他在对别人进行攻击、施虐，在强迫别人做改变。但是他自己的内心体验却是"我是个受害者"，他会觉得"我受伤了""我好可怜""好委屈""好惨""好倒霉""好不幸"。

一个人对伴侣愤怒的时候，可能会这么想："我怎么这么倒霉！我当初瞎了眼才看上你！"一个人对孩子愤怒的时候，也可能会这么想："我怎么这么不幸！我是上辈子造了什么孽，这辈子会养一个这么不听话的孩子！"

听起来就觉得这个人好惨啊。但实际上真有这么惨吗？其实未必的，但是人在愤怒的时候，却容易体验到"我很惨"。他们会不断给自己增加砝码，才能让自己持续愤怒下去，让愤怒效果更好。而"我很惨"，就是愤怒的一种强有力的助推。

为了能进一步体验到惨，人就要启动另外一个愤怒的杀手铜：全面否定。

试着回忆一次你的愤怒经历，是否使用过类似的语言："你一点都不""你从来都""你每次都""你总是""你根本就""你简直太"……

全面否定，是一种夸张式的表达，是一种泛化。在这种表达里，会把一个人定义成任何事情都做不好，会把一个人此刻没做好此事，上升到什么时候都做不好。此刻你没做好，无论你既往做好了多少，在此刻都全部归零。

贴负面标签是一种以点及面的人格否定。你一件事没做好，我就要上升到人格层面，否定你整个人。而全面否定则会更进一步，我会觉得你每时每刻都在践行这个糟糕的人格。

平面变成了立体，二维变成了三维。

/ 全面否定是想表达强调 /

一位同学说："老公答应我晚上回来给我做饭。结果下班的时候，又打电话跟我说，他晚上要跟同事去聚餐，让我自己吃。"这位同学给老公贴的标签是：不守承诺。

单纯觉得老公不守承诺，是标签，是愤怒的一级助推。紧接着，愤怒就燃烧了第二级助推，对行为予以否定："你不守承诺是不对的！"这时候愤怒感就开始上升。

但愤怒之火还想烧得更旺，那该怎么办呢？接下来就可以启动三级助推了——全面否定：

理解愤怒

> "你从来都不守承诺！"
> "你一点都没有信用！"
> "你每次都出尔反尔！"
> "你总是不顾及我的感受！"

这时候再愤怒起来，就感觉过瘾多了。

有位同学曾向我抱怨："我妈妈总是说我'你从来都不知道收拾房间'，我很委屈。我哪有从来，我只是那几次没有收拾被她看见了而已。她为什么看不到我做得好的地方？"

我就告诉她："你以为妈妈真的是总结了所有的经验，进行了严格的逻辑推理，这么理性地得出"从来都不"的结论吗？妈妈在那一刻，只是想告诉你，她很在意这个问题。她只是想强调她的愤怒程度。"

同理，妈妈的经典语录之"你怎么每次都这么笨""你怎么什么都做不好"也并非在描述事实，而是在表达严重性，强调自己的愤怒感。

伴侣之间也经常有这种反问：

> "难道我就没有一点好吗？"
> "难道我一点对的地方都没有吗？"

毫无疑问，当一个人这么反问的时候，他就完全陷入对方的字面意思里去了，看不到对方只是在强调他的愤怒程度。

一个人之所以把话说得又狠又绝，其实只是想强调这件事对他来说多么重要，他有多么受伤。

/ 全面否定的形成 /

人的这种全面否定的习惯，是怎么形成的呢？

有很多人的世界只存在二元对立，非此即彼。他们看待问题时，使用的是非黑即白、非全即无、非 100 即 0 的逻辑。他们的潜意识里是非常苛刻的，对于事情会有一个特别理想化的追求。他们要求别人完美，不能出现一次错误。你错一次，他就愤怒一次，直到你再也不出错了，他才不愤怒。

有些人并不认为自己追求"完美"，他们会觉得，对方"偶尔"错不要紧，不要"天天"错、"经常"错。但其实你再去问他们："对方哪次错，你是可以坦然接纳的呢？"你就会发现其实根本找不出，因此他们潜意识里想要的，是对方从来都不犯错。

这时候，他虽然表面上是个成年人了，但内心依然还停留在非好即坏的婴儿阶段。因为婴儿有一个特点：瞬间即永恒，此刻即永恒。意思就是，此时此刻，就是我的全部。

当婴儿因为饥渴、冷热、寂寞、恐惧等原因感到不舒服的时候，就会号啕大哭。如果这时候妈妈赶紧跑来安抚，或将乳头塞到婴儿的嘴里，或满足他其他的需求，婴儿就会停止哭泣，平静下来，露出灿烂的笑容。在婴儿的世界里，他体验到了满足感，这个妈妈就是"好妈妈"。

反之，当婴儿不舒服、没有被妈妈安抚的时候，婴儿就会很难受。妈妈可能那时不在身边，听不到婴儿的哭泣；或者是听到了，但是坐视不管；也可能是识别错了需求，婴儿需要拥抱而妈妈却非要给他喂奶。婴儿为了增加内心的可控感，就要把这个妈妈识别为"坏妈妈"。

婴儿没有整合能力，没有时间观念，他没有办法辨认出好妈妈和坏妈妈其实是同一个人。此刻妈妈好，那就是都好。此刻妈妈坏，那就是全坏。无论妈妈此刻是好是坏，那一刻，妈妈就是永恒的妈妈了。

婴儿在三四个月后，开始发展出记忆功能和整合能力，那时他才能辨认好妈妈和坏妈妈是同一个人。如果婴儿在这个阶段没有发展好，虽然理性上仍会发展出记忆能力，情感上却依然无法整合。他在长大后看待别人，也会重复婴儿期看待妈妈时的状态，即目前这个人，要么都好，要么全坏。

"当别人满足我的时候，就都好，我就特别开心，感觉自己上辈子拯救了银河系，遇到了一个这么好的人。但是当别人不满足我的时候，他就是全坏的，我就特别愤怒，感觉自己上辈子犯下了滔天大罪，才遇到了一个这么坏的人。"

这一刻，你全然忘记了带给你伤害的人，恰恰是昔日无数次对你好的人。

/ 全面否定的好处和坏处 /

使用全面否定，给对方带来的打击是非常巨大的，像是给对方一个原子弹级别的暴击，保证他可以"原地爆炸"，同时对你和你们的关系也会造成很大的伤害。

全面否定之所以能让人"原地爆炸"，是因为它让对方体验到极大的被吞没感和被误解感。明明他只是犯了一个小错误，经你表达却成了一个天大的错误。明明他只是做了这一次，或只错了一点点，经你的表达后却变成了一个惯犯。那时他就会觉得，自己好的部分都被泯灭了，自己遭受了极大的误会。

如果你想挑衅一个人，就可以使用全面否定的技术，通常会取得极好的效果。比如，当你看一个人不爽时，你可以告诉他：

> "你一点都不好！"
> "你浑身上下没有一点好的地方！"
> "你简直是太丑了！"
> "你从来都这么自私！"

但如果你想要建设你们的关系，你就要少用夸张化的词汇了。因为你终究已是一个成熟的成年人，不可能永远以一个婴儿的思维与人相处。而成长，就是在愤怒的时候，发展出理性的整合能力：

理 解 愤 怒

> 他只是这次这样，还是每次都这样？
> 他只是这一点不好，还是所有地方都不好？

但另一方面，你又会发现这很难。**因为人的潜意识之所以选择全面否定，是因为这会带来很大的好处：**

好处之一：很爽。

如果不夸张地表达，便难以发泄心头之恨。只有把他描述成一无是处，才能体会到自己足够惨。而我越是感觉到自己很惨，才越能显得对方特别坏。因此，人要在大脑里无限制地对问题进行加工、泛化，把对方想象成全坏。这样，人才能让自己愤怒得理直气壮。

好处之二：可以引起对方足够的重视。

小错，是不够让对方重视的。要描述成大错特错，才能引起对方足够的重视。

好处之三：保护自己。

"你从来不爱我，一直这么自私。"这该是多么绝望的体验。尽快地体验到绝望，有什么好处呢？就是可以在心里决定离对方远一点，保护自己。所以人在感觉到对方特别坏的时候，会产生想离开他的冲动。但即使如此，你还是得忍着去沟通，这就是保持和谐关系的代价。因此，你也必须要找到新的能引起对方重视的办法，而非用全面否定的方式。

同时，如果别人用了全面否定的词汇，你要知道，他只是想强调自己内心的愤怒有多大，而并非在描述客观事实。

/ 全面否定的升级 /

使用"每次都""从来不"等带有全面否定意味的词汇，只是全面否定的基础。比这更厉害的全面否定，是只在对方错了的时候表达，没错的时候从不表达。对方做得好时，沉默不语。要么是你意识不到，要么是即使意识到了也不愿意表扬。但等到对方做错时，你却可以马上意识到，并能够及时指出，像是发现了宝藏一般，兴奋地表达。

这种现象，叫作"选择性注意"。人的潜意识里只对对方的错误感兴趣，对对方表现好的地方会自动忽略。他们会觉得，做好的时候没必要说，没做好的时候才需要说。这种选择性注意的结果，就是对方只听到你在表达否定，却从未听过你的表扬。这时候他就会觉得：自己怎么做都无法让你满意。他被你全面否定了。

有些人会觉得，其实自己也会表扬对方，会告诉他"你很棒"。那这时候我也要邀请你去感受一下，你在表扬的时候，是具体地、走心地指出来他哪里棒，还是会用一些很概括的词呢？当你表达否定的时候，具体程度是一样的吗？不论是表扬还是否定，你的情感浓度是一样的吗？自在程度也一样吗？

我曾经开过一次沟通课程，在课上会教授如何认可一个人。当时有一位同学说："我发现我对老公表达感谢和认可的时候有些别扭，发信息还行，面对面讲却酝酿很久也说不出来。还是骂他的时候比较顺口。"对于这位同学来说，她传递出去的，就是全面否定。

  这种全面否定，可能与原生家庭有关系。在你小时候，可能有一对你怎么做都对你不满意的父母，所以你长大后就复制了这种模式，对你的伴侣、孩子等亲密的人也是如此。复制父母的模式，就是人潜意识里对父母表达忠诚的重要方式。

  为什么要这么忠诚呢？一方面，你从小耳濡目染的就是批评，没有人教过你如何表扬别人，却有人不断地教你批评的语言。另一方面，我们下一章会展开：感受一致，就是我们与父母亲密的方式。

  我们并不是让你盲目表扬。我们只是建议你，当你在表达的时候，不仅要把对方的不好表达出来，也要把他做得好的地方表达出来。全面的表达，会更有利于你维护和谐的关系。

思考与表达

写下你的一次愤怒经历。是对谁产生的愤怒？发生了什么？或者直接使用前面的愤怒案例。

1. 根据你的标签，生成这样的句子，并大声朗读，体验一下有什么感受：

   你简直太 _____！

   你从来都 _____！

   你一点都不 _____！

2. 找出他没有这么做的三个时刻。当你找出这些时刻时，你的感受是什么？心态有什么样的变化？

3. 观察一下令你愤怒的对象，你是否对他有过表扬？你表扬时的情感浓度，和你表达否定的时候，有什么不一样？

愤怒中的规则：
我的规则，即是真理

/ 愤怒来自规则 /

愤怒的时候，如果只是单纯地说"你这是错的""你不应该这样"，会让人感觉你在无理取闹，甚至你自己会有很强的无力感。毕竟，你觉得对方错了，只是你个人的一个角度，难以支撑起愤怒时的理所当然感。

人之所以能愤怒得光明正大，是因为在潜意识里，他给自己的愤怒找到了靠山，让自己的愤怒可以更坦然。当一个人有靠山的时候，你会发现他内在的能量变得非常强大，仿佛有无穷的信心和力量。

愤怒也有靠山，愤怒的靠山就是：一个人内心深处的规则。

错误来源于规则，有规则才有犯错。规则就是对标签进行否定时背后的理论支撑。比如说，"自私"是一个标签，我要对这个标签进行否定，判定为"你自私是错的"。那我做这个判断得有理论支撑啊，毕竟我这个大法官是公正的，我可不是那种滥用职权的人，我审判你时，所依据的法则就是"人是不应该自私的"。

你能听到的很多关于"人应该""夫妻应该""朋友之间就是

应该"等描述，都是一个人内心深处的规则。

曾有一位同学向我表达他的愤怒："我重感冒又咳嗽，我的老板居然对我说'不要以为你咳两声就不用工作了！'这使我非常愤怒！"

然后我对他进行了访谈。发现在他描述的愤怒里，他给老板贴的标签是：不关心我。对老板的否定是：你不关心我是不对的。那么，在他内心深处就有一个规则：领导应该关心自己的员工。

这是一个非常具体化、可被意识到的规则。他背后一定有一个更深的规则来指导这个具体的规则。于是我继续问他："领导为什么要关心员工呢？"他说："因为领导是强者。"所以，我们把这个规则升华后，就可以找到他潜意识里更深的那个规则了：强者应该关心弱者。

有了这个规则支撑，加上领导是一个"管理者"和"健康者"的双重强大的存在，而他是一个"被管理者"和"病人"的双重弱小的存在，这位同学的愤怒感就会更加强烈了。我们来体验一下这两句话所带来的威力的不同：

"你应该关心我！"

"作为强者，你应该关心弱者！"

带有规则的表达，会让你觉得自己愤怒得更加坦然，更有底气。

理 解 愤 怒

/ 规则越多，越容易愤怒 /

规则就像埋在一个人心底的地雷。别人在跟你交往时，就是在扫雷。你的雷越多，别人触雷的概率也就越大，他遭遇的爆炸也就越多。同样，**一个人内在的规则越多，别人触犯他规则的概率就越大，他也就越容易愤怒。**

比如，对于一个妈妈来说，如果她的内在规则包含：

人应该讲卫生。

人应该守时。

人应该诚实。

人应该勇敢。

人应该有礼貌。

人应该外向开朗。

人应该节约。

人应该利索。

人应该认真。

人应该聪明。

人应该自觉。

人应该考虑别人的感受。

……

那你就能想象她在与自己的孩子相处的时候，双方会有什么样的心情了。

在婚姻关系中也是，想象一下你有一个内在规则非常多的伴侣，那是一种什么样的体验？

小到牙膏应该怎么挤，蒜应该怎么拍，消费时应该怎么讲价，一块钱应该怎么花；大到人是否应该有能力、有责任、有担当，他都有自己的想法。跟这样一个人生活在一起，你会感到你的生活中充满了这两件事：

果然会挨骂！

怎么就挨骂了呢？

这些规则的地雷埋在了什么位置，具体有哪些种类，当事人也未必知道。但是当他愤怒的时候，这些规则就会暴露出来。我们才能够知道："哦，原来他有这样的规则。"

所以愤怒有一个好处：它暴露了一个人的内心有哪些地雷。我们可以借着愤怒，去发现它。

/ 苛责程度越大，越容易愤怒 /

规则的多寡，只是决定一个人愤怒的指标之一。关于规则，除了多寡，还有一个可以决定愤怒的指标：苛责程度。也就是说，你在多大程度上不允许违反规则，和在多大程度上允许违反规则。这分为两个方面：

理 解 愤 怒

- 规则的重要程度。
- 规则的包含范围。

一个人的规则也分轻重缓急。越是重要的规则，对方违反的时候，愤怒值就越是强烈；越是轻微的规则，对方违反的时候，愤怒值则越是微弱。

规则的重要程度跟现实是无关的，只跟这个人的认知有关。如果他自认为这是原则问题，那么地上有根头发也可以变成天大的事。

规则的范围则是指它的边界。

比如说，"人应该有能力"这个规则，多大程度上算是有能力呢？你对他的要求，是买别墅才算有能力，还是能租房就算是有能力呢？

比如说，"房间应该保持干净"这个规则，到底是一尘不染才算干净，还是没有乱糟糟就算干净呢？

比如说，"人是不能迟到的"这个规则，多大范围内算是迟到？你能接受孩子上学迟到 5 分钟，还是可以迟到 1 节课？有的妈妈甚至会认为：没有提前 10 分钟到学校，就算迟到。

有的妈妈喜欢盯着孩子写作业，写一个字，笔画的顺序写错了，她们就认为这是个错误，是特别不认真才会犯下的错误，一定要发火来矫正他这个错误。这位妈妈关于"认真"的包含范围就特别细致。

你的规则包含范围越大、越细致，你对别人违反规则就越敏感,别人踩雷的概率也就越大。

/ 规则从哪里来? /

这些规则,是一个人从小到大一点点学会的。一个人内心所形成的规则,一定是小时候父母用同样的方式对待过他,让他在与父母的互动中,形成了这种模板。

对孩子来说,他对世界的认知几乎为零。他怎么在这个社会上生活,很大一部分是母亲对其言传身教、耳提面命的结果。如此,孩子就慢慢形成了他的规则模板。

带着这样的规则模板,孩子首先走近了预备社会——学校。而后学校对他进行了打磨和修正。等他长大后,社会又会对他进一步打磨,并尝试修改其一些不符合社会规则的规则。

这时候,人们的反应就有两个:

在发生冲突时,灵活的人格有助于反思自身。人们可以重新去思考,哪些规则是合适的,应该保留的;哪些规则是需要被修改的,是应该被放弃的。

僵化的人格则会选择愤怒。他们对于规则没有反思能力,认为规则是唯一的,世界本该如此。于是他们就会责怪别人为什么不遵守规则,为什么要挑战自己内心的规则。

一个人之所以愤怒,并非因为他不想修改自己,自以为是。而是他没有能力看到,这个规则只属于他,未必属于这个世界。

理 解 愤 怒

/ 规则的加持 /

人在愤怒时，是处于无觉知的状态中的。基于一个人有限的认知经验，他在对别人进行否定时，内心深处并不会认为自己所使用的是自己制定的规则，他会认为事实本该如此。他会认为"人就是应该这样"，而非"我觉得你应该这样"。他认为自己所坚守的规则是一种"真理"，是全世界通用的、唯一的、每个人都必须遵守的规则，而非"我的规则"。

为了验证这个"真理"的正确性，他还会找很多帮手和目击证人来证明：

> 所有人都这样。
> 正常人都这样。
> 大家都这样。
> 世界本来就应该这样。

在这样的背景下，你还不执行这个规则，就足以说明你是错误的。因此，一个人在愤怒的时候，其实内心的真理感是非常强烈的。

这部分我称之为对愤怒的加持：一旦把规则上升到真理层面，你的愤怒感就会被彻底引爆。这时候，愤怒的过程就变成了：

- 我先对你的行为贴个标签,认为"你就是……的"。
- 再对这个标签进行否定,认为"你……是不对的"。
- 接着对这个否定来点泛化,认为"你哪哪都不好,从来都不对"。
- 最后使用"真理"加持否定,认为"人就是应该……"。

我把这个过程,称为愤怒的四级助推。就像是火箭一样,点火、加速、再点火、再加速,最后以最大的速度冲出地球引力的禁锢。

真理感,就是愤怒最后的一击。

/ 关系需要磨合 /

既然对方身上有那么多随机的地雷,那我们为什么还要跟他来往呢?

因为他对你来说,是有价值的。你可能从他身上得到了你想要的照顾、安慰、愉悦、财富、启发等满足感。比如妈妈提供给孩子生活条件,朋友之间的相互支持,夫妻之间的相互关心等。

价值就像是金子,人际交往,其实就是在互相采矿。你的金子越多,别人靠近你的动力就越大。这时候,人际交往,就会成为一场博弈。他不知道此刻触动你的到底是金子还是地雷,不知道这一刻是惊喜还是惊吓,而你们需要通过相处来互相摸索。

这个过程就叫磨合。

如果他离不开这些金子，他就需要去适应你的规则，为你做出妥协。如此，他就可以尽可能地避免暴雷。但如果他发现在你这里受伤感大于你所提供的价值的时候，他就会离开你了。

所以，易怒的人，人缘通常不怎么好。一个易怒的妈妈，掌握了那么大的生存资源，也能逼着孩子尽早地离家出走。尤其是长大后，孩子极度不愿意再跟她联系。

如此，让别人不离开你的方法就变成了：

让你的金子变多点，让他对你更有兴趣。
让你的地雷变少点，让他对你少一些抵触。

/ 我不允许你跟我有差异 /

有些人会觉得，对方难道不应该像我说的一样吗？这种人其实是在拒绝磨合，只希望对方改变，而自己保持不变。实际上，你的规则是否正确或是否应该被遵守并不重要。只要别人不同意你的规则，就够你愤怒的了。

一个人在要求别人遵守自己内在规则的时候，往往容易引起对方的抗拒。因为别人也是一个有自我的人，他有自己的规则运转系统，与你不同。两个独立的个体在一起互动，实际上就是两套规则在相互碰撞，这时候必然会有矛盾。

你有规则 A，我有规则 B。当 A 跟 B 不一样的时候，矛盾就开始产生了。这时候解决这个矛盾，至少有五种方法：

- 你妥协，放弃 A。
- 我妥协，放弃 B。
- 折中，你放弃部分 A，我放弃部分 B。
- 分开，保留 A 和 B，我不再改变你，你也不再改变我。
- 通过讲道理、说服、利益交换等手段，心甘情愿达成某种一致。

愤怒的意思，就是我选方法一。而选一的结果，就是要求对方"你要放弃自我"。因此愤怒也是在说：

我不允许你跟我有差异！
我不允许你有自己的生活规则！
我不允许你有自我！
你必须要同意我的规则！
你必须要按照我的规则来生活！

正常人都不会愿意为你这么做的，所以你的愤怒绝大多数都是无效的。

当别人对你愤怒的时候，对你来说，也是一个契机，你可以借此去了解：他内在的规则是什么。 然后你就能发现你们规则的差异，并为此做一点什么了。你可以妥协，也可以让对方妥协，可以折中，也可以分开，或者可以尝试说服对方，哪种方法都可行。

理 解 愤 怒

/ 对方是个独立的人 /

当你无法跟对方的规则达成一致的时候，可以先试着去欣赏对方：

对方有自我是件好事，它代表了你们是两个独立的人，有碰撞、有矛盾，同时也有了生机。对方按照你的规则来生活他就变成了你的傀儡、你的机器人，这并不是一件好事。

你可以想象一下这几个场景：

你有一个伴侣。他的规则跟你完全一致，并且从未违背过，就算与你发生冲突也会马上放弃并顺从于你。对于这样的伴侣，生活久了，你会有什么感觉呢？

你有一个孩子。他完全接受你的教育，你教育的一切都是对的，他都同意，并且积极执行。他完全活成了你期待的样子，并一直按照你的要求去生活。他几乎不会叛逆，即使叛逆，在你表现出不满意时，他就立刻放弃自己的规则，顺从于你。你喜欢这样的孩子吗？

所以，愤怒固然让人难受，但愤怒其实正是在提醒你：

对方是独立、有主见、有自我的个体，不是你的玩具，不是你的奴隶，无法被你驱使。当冲突发生时，他不同意你，但你渴望他同意你，那你就只能不断尝试使用有效手段去慢慢协商、沟通来协调你们的关系，而非强制。

也正是因为他跟你不一样，才让你的生活充满了生机。

同时，你也可以去欣赏一下你自己。你的愤怒在说：我有自己的原则，在我们的关系中，我不想轻易放弃、妥协。

愤怒在说，你是一个渴望坚持自我的人，你是一个有原则的人，你是一个有主见的人。虽然这些原则和主见不是所有时候都能带给你快乐，但这并不影响很多时候其实它都在保护你。你可以为自己的这个部分而感动吗？

你需要做的，从来不是完全放弃自己的规则。你只需要在某些特别的时候，适度地看见别人的规则，适度地放弃自己的一部分规则。

> **思考与表达**

写下你的一次愤怒经历。是对谁产生的愤怒？发生了什么？或者直接使用前面的愤怒案例。

1. 找出这次愤怒中，你所使用的一个或多个规则。
2. 你觉得在这个事件中，对方可能使用的规则是什么？
3. 尝试生成这样的句子，并大声朗读，当你读完体验一下有什么感受：

    我认为人应该 _____ 你必须同意我！

    你必须要放弃你认为人应该 _____ 的规则！

    你必须要遵守这个规则！

    你不能有自己的规则！

    我的规则就是正常人乃至全人类都应该遵守的！

    如果你不遵守，我就很愤怒！

4. 你如何看待自己的这个规则？
5. 你如何看待对方的规则，以及你们规则间的差异？
6. 你的这个规则是如何形成的？在什么时候是有益于你的？什么时候是阻碍你的？
7. 你打算怎么处理你的规则，保持还是修改？具体如何做？

使用接纳与尊重，处理差异

/ 和谐沟通 /

孔子曾说，君子和而不同。意思就是君子之间，可以有不同的看法，但是依然保持和谐。孔子给人际关系找到了一条和谐的出路，那就是：允许不同。

使用和谐的方式处理差异，最基本的要素就是接纳和尊重。但首先要明确一点，接纳和尊重虽然是和谐处理差异的好方法，但这种方法的弊端就是费时、费力、费神，需要一个人心理能量比较饱满。这种方法，其实不需要你每次面对差异的时候都使用，但你可以掌握这种技能。这样，在你认为有必要的时候，就可以使用了。

除此之外，有的时候，你用指责、讲道理、妥协、控制等方式，也是一种行之有效的处理差异的方式。每种方法，都各有利弊。

第一步：中立与好奇。

和谐处理差异的第一步，就是中立与好奇。

理解愤怒

中立就是意识到自己的评判、否定和规则只是自己的想法，并非事实，然后把它们放到一边。关于中立，有一句话这样讲："凡所有相，皆是虚妄。若见诸相非相，即见如来。"当你对他人的行为保持中立的时候，你才可能真正去理解真实的他人，到底是怎么样的。

假如你是一名侦探想要破案，对面这个让你生气的人，暂且认定他是犯罪嫌疑人。那么，你想要破案，就不能靠猜，而要靠审问，靠证据，要有"实锤"。在没有确凿的证据证明他的确就是这样的人之前，你是不能做出任何"这就是事实"的判断的。即使下了这样的判断，你也要知道这是你的假设，而非事实。

这么说并不是要求你内心不能有对他人的看法。毕竟，这是不可能的。我们面对一个惹自己生气的人时，内心难免会有各种厌烦和评判。但此时你要知道，这只是属于你个人主观的观点，而非事实。

你可以有标签，觉得他就是这样的人；你可以有否定，觉得他这样是不对的；你可以有规则，觉得人生就应该是你想的那样。**但你要知道，这些只是你个人的观点，而不是客观事实，他人并没有同意你的义务**。那么如何做到中立呢？你一定要把下面的话内化到大脑里，每当你感到愤怒的时候，这些话能够自动弹出来：

此刻我理解的他，一定不是真实的他。

他内心的规则，一定跟我的规则不一样。

如此，你就可以好奇：他给自己的标签是什么？他对你的否定是什么？他内心的规则是什么？举个例子，你的孩子就写作业的事情跟你讨价还价，你可以好奇：

他怎么了？

他为什么跟我讨价还价？

他怎么理解自己的这个行为？

他怎么看待我给他贴的"不认真"的标签？

他怎么看待我对他的否定？

他怎么看待我的规则？

他知道讨价还价我会不开心，为什么还要顶着这个压力这么做呢？

第二步，接纳差异。

接纳别人，就是允许别人的想法与你的不同。

接纳是件很无奈的事，是不得不去做的事。因为有时候对于别人，你什么都改变不了。尤其是控制别人的思想、改变别人的观点这件事。每个人都拥有平等的价值观和选择权。

这个世界上的确有很多大众层面的规则，是大多数人都认可和遵守的。比如，人应该道德、善良、无私、准时、诚实、谦虚、努力、尊重……但即使是大众层面的规则，依然不是每个人都必须认同的。

遵守大众层面的规则，是有很多好处的：更被别人喜欢，活得更安全，看起来更正常，更被周围人所接纳，等等。但**即使大多数人都如此，即使正常人都如此，每个人依然有权利说："我不愿意。"**

大众层面的规则，其实是一种美德。美德从来不是一种强迫别人的理由。

冷漠、不负责任的人，你可以说他们是没底线的、不道德的、该被骂的。但这依然只是一种选择，而非必须。你不喜欢这样的人，你可以去改变他。你改变不了他，你可以离开他。但你既改变不了他，又离不开他，如此，你就只能接纳他了。

这就是你要接纳的第一件事：**即使你觉得"全世界都应该……"，他也有不同意的自由。**

也不要天真地认为，换个价值观相同的人，就能解决矛盾和愤怒。世界上并没有价值观相同的两个人，哪怕是基本的价值观，也很难相同。**因为人内心的规则，是阶段性的、事件性的，它会随着事情、环境、时间和心情等因素的变化而有所不同。**

人其实都是有双重甚至多重标准的。人所遵守的规则，看起来是稳定的，但其实是一直在变的。就像我们经常在电视剧里看到的，好人受到现实中的某些刺激会变坏，俗称"黑化"；坏人受到了某些感召会变好，俗称"洗白"。这些都在说明：人的规则，是变动的。

心情好的时候、看你顺眼的时候，会觉得"我应该关心你"。

自己麻烦事一大堆的时候、懒散的时候，就会有"谁来关心我一下啊"的想法。人在受到刺激的时候，觉得不能再这么平凡下去了，会同意"人应该上进"。但是在懒散或者感到抑郁的时候，会反问自己"上进有什么意思"。心情不好的时候，想放弃不干了，狠狠心想着"算了，不负责任了"。可心情好的时候，谁又不想担起这一份责任呢？

这是你要去接纳的第二件事：**即使他此刻同意你了，也不代表他所有时刻、所有事情都同意遵守这个规则。**

所以，价值观不同的人，能在一起生活吗？

两个人相处时，不可能也不需要所有方面的规则都一致。**健康的关系其实是这样的：信念相同的地方，我们彼此相爱。信念不同的地方，我们互不干扰。**

人与人之间健康的情感状态也是这样的：有时候相爱，有时候分离。有的地方相爱，有的地方分离。也就是既彼此融合，又彼此独立。

所以与其思考如何找到价值观相同的人，不如学习如何与不同相处更重要。毕竟，差异是必然的。

第三步，尊重。

尊重，就是允许别人跟你不一样，尊重别人的想法、价值观、生活方式与你不同。当你开始接纳别人不同于你的地方的时候，你才开始真正地看见他人。

在你的世界里，地板应该保持干净。在他的世界里，地板只要能走人就行。当你无法忍受地板不干净，你可以去征求他的意见："地板可以打扫吗？毕竟是我们共同的地板。"在你的世界里，孩子应该被保护。在他的世界里，孩子应该被严格管教。这时候你无法忍受孩子被骂，你也可以去征求他的意见："孩子我可以保护吗？毕竟是我们共同的孩子。"

这两个问题听起来很可笑，但背后却是很深的尊重：我允许你跟我想的不一样，我不评判你的不同比我更好或是更坏。我们只是不同，没有好坏。

尊重，就意味着我们是平等的，没有谁好谁坏，没有谁高谁低。自私是没有好坏的，伤害孩子是没有好坏的。你觉得你是对的，从来都不是别人也认为是对的理由。你觉得你是对的，更不意味着你有了要求别人的权利。

也许这接受起来很难，你会觉得很不可思议。那是因为长久以来，你的世界里只有一个答案，你从不曾走出来，认真看看外面的世界，它是丰富多彩、五彩斑斓的。颜色也许有深浅明暗，但颜色本身是没有好坏之分的。

如果你看不下去对方的做法，那么你就要为自己的看不下去负责，而不应该把责任推给他人。如果你希望别人为你妥协，那么你就要拿出相应的姿态，而不是强迫别人为你妥协。

尊重的前提，是你要意识到你的观点不是全世界唯一对的。 因此，尊重他人，是有巨大丧失感的。因为你会意识到：你不是神，别人与你是平等的。

第四步，学习与整合。

在能够彼此尊重的基础上，你就可以解锁另外一个更进一步的技能：学习他人观点的好处。

孔子说过："三人行，必有我师焉。择其善者而从之，其不善者而改之。"其实不仅三人行才会有一个我的老师，准确地说，应该是每个人都是我的老师。对面这个人，虽然有跟你不一样的生活规则，但是他遵守的这些规则能让他活到现在，说明这些规则还是有良好的社会功能的，也有能够继续将其遵守下去的迹象，这就意味着他的生活规则是有很多可取之处的，也有很多值得学习的地方。

所以你可以进一步好奇：他的观点为什么跟我不一样？有哪些好处值得我去学习？有哪些坏处我需要去回避？

比如说，你认为家长不应该控制孩子，他认为家长应该适度管教孩子，不应该宠溺孩子。这时候，你就可以去思考：

从不控制孩子，有哪些坏处？
适度管教孩子，有哪些好处？

思考过这两个问题后，你就会发现，因为制定规则而控制孩子，孩子就会学会规则。在规则形成的过程中，一个人必须要经历委屈、绝望等过程，必然会伴随着受伤。这也是人与社会规则磨合的过程。

英国心理学家唐纳德·温尼科特认为："孩子应该经受恰到

好处的挫折，即承受范围内的挫折。"德国哲学家尼采也认为："凡是不能杀死我的，都将让我变得更强大。"

与父母相处中产生的挫折和控制，正是孩子以后在人际关系中遭遇挫折的预演。如果父母不适度控制孩子，那孩子就会成为温室中的花朵，将来没有与想要控制他的人相处的经验，反而会带来一定的危险。这也是：平时多流汗，战时少流血。

这些，都是你能够从对方坚持的"家长可以控制孩子"的观点中学到的好处。

学习不是复制对方，而是思考对方的可取之处，而后整合到自己的世界里去。如此，你的世界便会多一种可能性。

那些跟你不同的人，其实都是来度化你的，他们是在提醒你：不要固着在自己的世界里，不要偏执。不要活得只有一种可能。走出来看看，试试其他的生活方式，说不定可以活得更好。

如此你就开始迈向灵活的人生，心理健康的最高境界，就是灵活。根据事情的不同，时刻的不同，灵活选用不同的观点，而非偏执地固守某一个。

然后你就可以进行下一步：在自己的规则和他人的规则之间，进行一定的整合，形成一个更有利的规则。这时候你就成长了。

第五步，感激。

如果你愿意的话，你可以感激。他人告诉了你另一种思考世界的可能性，你不喜欢，也可以不去做，但起码你的世界，被另外一个人拓宽了。这些都是你可以去感激对方的地方。

正如美国家庭治疗大师维吉尼亚·萨提亚的那句名言："**我们因相同而相连，因不同而成长。**"别人与你不一样的地方，正是帮助你成长的地方。

思考与表达

　　写下你的一次愤怒经历。是对谁产生的愤怒？发生了什么？或者直接使用前面的愤怒案例。

1. 找出这次愤怒中，你所使用的规则以及对方使用的规则分别是什么。
2. 思考对方的规则，这些规则让他活得怎么样？找到他的规则让他过得很好的三个证据。
3. 找出对方的规则值得你学习的地方。对此，你有什么决定吗？
4. 这个过程中，你的感受是什么？

03

期待：我比你厉害，你应该听我的

愤怒是期待过高：
怎么判断一个人的期待是否过高？

/ 愤怒是对他人的期待过高 /

愤怒是因为期待未被满足。当你发现一个人的愤怒时，顺着他的愤怒，你就可以找到他有哪些期待，他希望现实怎么发生，以及他有哪些愿望。愤怒其实是在说："我希望你去做的是……"

一位同学说："男朋友不回电话微信，我就不停地联系他，继而抓狂愤怒。"那么这位同学的愤怒背后所怀有的期待是：我希望你回我消息、接我电话，我希望随时跟你保持联络。

还有一位同学说："我孩子周末两天不写作业，非要拖到周一早晨各种补，这让我特别愤怒。"那么这位同学愤怒背后的期待就是：我希望孩子可以趁着周末两天把作业写完，这样就不用周一早晨着急补作业了。

这些期待没有被实现，所以他们愤怒了。而这些期待之所以没有被实现，是因为他们的期待太高了。

有的人就会不同意了，会觉得："我的期待不高啊。这些都是正常的、最基本的期待啊，难道这些期待不是理所当然的吗？"

期待到底高不高，这得看从谁的角度来判断。从愤怒者的角度出发，这的确是不高的。但从被愤怒者的角度来说，他之所以没有实现愤怒者的期待，是因为这对他来说是高期待。

实际上，一个人能够实现你的期待，有两个条件缺一不可：

- 他有能力实现你的期待。
- 他有意愿实现你的期待。

因此，对被愤怒者来说，期待过高有两种可能：

- 你的期待超出了他的能力。
- 你的期待超出了他的意愿。

而处在愤怒中的人，是无法换位思考的。他只能从自己的角度出发，却看不到对方的角度。

/ 能力受限 /

有时候对方也想实现你的期待，但是因为能力受限没办法做到。而你无法理解他能力有限，继续保持原有的期待，你就会愤怒。

你之所以会判断这个期待是在他能力范围内，依据可能有三个：

第一，你认为这是正常能力，人人都如此，所以他也应该能做到。

有些人看别人家的妈妈打骂孩子会特别愤怒，觉得这些妈妈这样对孩子是不正常的。在你的愤怒背后，其实你有这样的期待：那些妈妈能像正常的妈妈一样善待她们的孩子。但是你不知道的是，对于那些自身就有心理缺陷、人格不够完善的妈妈来说，她们自己也不想打孩子，但无奈的是她们就是控制不住自己。这时候，你再去看看自己的期待，就会发现其实你的期待是过高的。

你期待你的另一半有责任心，然而他却是一个"妈宝男"，从小就没有责任意识。这时候你对他"责任心"的期待，对于大众来说也许是正常的、不高的，但对他来说就太高了。因为这是他从小就没有学会的。

你对一个人的期待高不高，不能拿"大家都""正常人都""人就是应该"来做对比，因为你面对的是具体的个体，而不是"大家"和"所有人"。即使这对所有人来说是正常的，对他来说可能依然是很难的。

第二，你觉得他曾经做到过，所以他现在应该也能做到。

尤其在婚姻中，很多人抱怨"他对我不如以前好了""他以前都能……现在却……"你会觉得：我的要求并不高，待我像从前一样好就行了。

但其实随着时间的流逝、环境的改变，人的身体和心理也都在变化，除了他不愿意的部分外，还有一部分是他真的做不到以前那样了。

第三，你认为他对别人能做到，对我应该也能做到。

你愤怒的点也可能是他能对别人好，为什么不能对我好？！但你意识不到的是，对一个人好是需要克服一定阻力的。如果他对你好的阻力大于对别人好的阻力，对你好一分他收获了一个不满意，对别人好一分却收获了一个微笑，那么他可能就无法克服较大的阻力来对你好了。

/ 意愿受限 /

超出了他的实际能力的期待，就是期待过高。同样，对方不愿意满足你的要求，那么你的期待就超出了他的意愿，对他来说也是期待过高。

对方为什么不愿意满足你的要求呢？因为这个期待让他不舒服且觉得不值得，他就不会去做了。

不舒服好理解。你要求孩子听话，谁喜欢听话呢？听话让人不舒服啊。你期待父母不要控制你，可是不控制你让他憋得难受啊。你的期待对他来说是不舒服的，所以他不愿意去做。

如果对面这个人足够重要的话，即使感到不舒服我们也可以去忍受。我们在乎一个人，就愿意为他做出一点牺牲。我们有多在乎他，就愿意为他做多少牺牲。所以，如果女朋友要求我下班"顺路"去接她，对我来说，她的重要程度，就决定了我能顺多远的路。

但我们不愿意为一个人去牺牲自己，或是去忍受一些不舒

理 解 愤 怒

服，就只能说明一件事：他对你来说不值得。

如何判断对方是不愿意，还是能力不够呢？这个得根据当下的情况由你自己做判断。比这个更重要的，是当你愤怒的时候，你要去思考一个问题：

到底是他能做的太少，还是我要求的太多？

按照第一个方向思考，会让你更加愤怒，同时也更加坦然，因为都是他给得太少，都是他的错。如果往第二方向去思考，就会让你拿回责任，寻找新的方式调整自己。

当然，如果你把对他人的愤怒变成了自责，责怪自己为什么总是要得很多，那么就变成你对自己的愤怒了。我们并不是指责你在愤怒的时候要得太多了，而是邀请你去思考：

当你的要求超出了对方的能力和意愿，你还可以怎么去应对自己的期待？

/ 你实际期待的，比你认为期待的要高 /

你以为你知道自己的期待，其实你不一定知道你的期待。比如说，你以为你是想让他去做某件事，其实你的期待是他应该"自觉""主动""及时"地去做某件事。

一位同学说："婆婆给孩子喂饭，孩子不想吃，但她还在想尽办法，非要喂进去。我当时非常愤怒，我觉得她在强迫别人。"

这个愤怒中的期待是什么呢？愤怒者所能意识到的就是希望婆婆不要强迫孩子。但更深层次的期待，其实是"我希望婆婆能自觉意识到这是在强迫孩子，希望她能主动理解强迫的坏处，希望她能及时保护孩子并停止强迫的行为"。

这个期待，对婆婆来说难度就显得非常大了。

还有一位同学说："我对同事很愤怒，他总是将他自己的事派发给我。"这里愤怒者所能意识到的期待是希望同事不要把自己的事派发给他。但如果你再思考一下，这件事背后更深的期待其实是"我希望同事能够在未经我提醒的时候自觉意识到这是不对的，并且自觉地不要把自己的任务派发给我"。

如果你观察到了对方某个行为，但你还没有表达你的期待就先愤怒了。这说明，你的期待里是包含对他的态度的。 你希望他能自觉，希望他能主动认识到自己的问题，并且希望他能够理解自己行为的后果和不合理性，希望他能积极主动地改正。

有些人会说"我以前提醒过""我上次跟他说过"……我就会问："那你这次表达你的期待了吗？"如果这次你没有提醒，那你的期待就是：

我说过一次，他就要永远记得。
我上次说过，他这次就要记得。

这对他人来说，可能就是个高期待了。

有些人还会觉得："难道我要每次、反复地说吗？那我多累啊。"其实这里，你又多了一个期待：期待他人照顾你，不让你累。

/ 期待没有对错 /

当我写到这的时候，有些同学会有疑问："难道我应该不抱有期待吗？我们不应该对伴侣、对孩子有期待吗？没有期待的关系还有什么意思？难道有期待是错的吗？"

有期待不是一件有对错之分的事情，而是会让你感到悲伤。期待是一个愿望，就像是想吃冰激凌一样，这个愿望本身没有对错。但吃不到冰激凌，却是很让人难过的一件事。我们要思考的，并不是应不应该有期待，而是如何应对自己的期待。有期待是已经发生了的客观事实，不要去想过去为什么有，而是去想现在我可以怎么办。

期待不仅没有对错，而且是件好事。人生在世，对未来有所向往，对他人有所期待，正是我们生命力的体现。这也是愤怒美好的地方。愤怒是一个人没有放弃生活的表现。愤怒代表了一个人还有自己的想法，有自己的追求。

期待本身是没有对错的，问题在于，我们在用令自己痛苦的方式处理着期待。因此，你无须责怪自己为什么会有期待，你要想的是如何应对自己的期待。

/ 愤怒是因为对期待的执着 /

愤怒情绪很有可能代表你对他人的期待过高了。所以,应对高期待的方式之一,就是放弃。放弃是一种很高级的智慧,放弃可以解决这个世界上 100% 的困难。你要知道:世上无难事,只要肯放弃。

我年轻的时候也曾梦想过自己能够执剑走天涯,却因为没钱就此作罢。再后来我有钱了,我又重新燃起了这个期待,梦想自己成为环球旅行家,但因为工作忙没时间,也没去做。以前也期待过自己能够平步青云,走上人生巅峰,迎娶白富美。但是后来经过我的努力,发现比起迎娶白富美,放弃来得更轻松,于是我就选择了放弃。

有期待本身不会让人愤怒。对期待的执着,才会导致愤怒。你不愿意接受他人做不到你期待的样子,你抗拒这个现实,这时候你才会愤怒。

愤怒是对自己的期待无法被满足的抗拒,是对他人真实状态的抗拒。一个人在愤怒的时候,只是沉浸在"我想要你做,你就得去做"的幻想里,不愿意睁开眼看看,自己提出的要求其实是实现不了的,或者是真的没那么容易实现的。

对自己的愤怒也是如此。你以为这件事情很简单,你就期待能得到一个好结果,然而你的精力、能力、兴趣都无法支撑的时候,你又不想放弃,你不愿意相信自己的能力有限,那么你就开

理 解 愤 怒

始对自己愤怒了。

所以当你愤怒的时候,问问自己:你真的要如此抗拒现实吗?

/ 愤怒是实现期待的工具 /

应对期待的方式之二,就是用愤怒来实现自己的期待。

愤怒有时候的确是一种有效地让别人实现自己期待的方法。很多时候别人迫于你的恐吓,就不得不向你妥协。

愤怒是一种力量,能让你瞬间变得强大起来,强行推着对方配合你,以此实现你的期待。

回到我们之前提到的一个例子,有位同学希望男朋友能及时回她消息,可是男朋友对此无动于衷。怎么办呢?那就对男朋友愤怒。她在潜意识里认为:我有多愤怒,他产生改变的可能性就有多大。假如她心平气和地对男朋友说:"哎,你以后要及时回我消息哦。"男朋友可能真的会无动于衷。但如果她非常愤怒地对男朋友说:"你为什么都不回我消息!!!"虽然男朋友可能无法理解她为什么会这么愤怒,却会因为害怕被骂而更加及时地回消息。

对于我刚刚提到的那位妈妈来说,假如她心平气和地跟孩子说:"哎,你以后要周末两天写完作业哦。"这个孩子多半会把妈妈的话当成耳旁风。但表现出愤怒就不一样了,老母亲一发怒,熊孩子心里就有了忌惮。下次周末玩的时候,也就相对没有那么坦然了。

所以愤怒是一个好帮手。它在帮助我们，更好地实现自己的期待。

有人觉得愤怒不好，可愤怒只是一个工具，判断一个工具好不好有两个指标：

- 是否能帮助使用者达成效果。
- 是否听从指挥。

虽然愤怒不一定每次都有益于结果，但人之所以保留了愤怒的情绪，是因为在我们的经验中，它是较为有效的方法。在我们好好说话没有用时，且不会使用别的工具之前，愤怒就是最好的达成效果的工具。而且愤怒不会说："哎，你有这个期待是不好的，我们换一个打击对象吧。"愤怒会无条件地执行你的命令。

所以，愤怒其实是一个很好的、实现你的期待的工具。如果你觉得结果是不好的，不是因为愤怒不好，而是因为你的期待不合理。

应该感谢愤怒。如果你不喜欢，你要做的是透过愤怒，思考自己的期待。

/ 当别人对你愤怒 /

当别人对你愤怒，你也就知道他对你有期待。这时候你可以先去帮他澄清：

理解愤怒

> 你希望我怎么做？
> 你对我的期待是什么？
> 我怎么做，你就不生气了？

然后，如果你希望维护你们的关系，你们就可以针对他的期待做一些探讨，看看你在多大程度上愿意满足他的期待，他在多大程度上愿意放弃自己的期待。

如果你想故意让他生气，那你也要先温声细语地搞清楚他的期待，然后再告诉他：

"好的，我知道你的期待了。我决定，我就是不去做。因为，我就是不想让你得逞！"

思考与表达

写下你的一次愤怒经历。是对谁产生的愤怒？发生了什么？或者直接使用前面的愤怒案例。

1. 找出这次愤怒中，你的期待是什么。
2. 找出这个期待对你来说并不高的证据。
3. 找出这个期待对他来说很高的证据。
4. 当你写下这些，你的感受是什么？
5. 生成这样的句子，并大声朗读。或者想象让你愤怒的那个人就在你对面，跟他说这样的话：

   我对你的要求就是 ____ ！

   你必须要做到！

   你只有做到我才满意！

   我不接纳现实！

   我不认命！

   我不甘心！

   我不能接受这样的你！

   绝不接受！

6. 这个过程带给你的感受是什么？
7. 你如何看待自己的这个期待？你想如何处理它？

愤怒背后的嫌弃：
表达期待，而非表达否定

/你不要怎样，而非你要怎样/

处理期待的方式之三，就是直接表达你的期待，告诉对方，你想要什么。对方不一定会实现，但起码有一定实现的可能性。但很多人在表达的时候，习惯用否定的方式，他们更喜欢用"你不要怎样"，而非"你要怎样"；会更习惯说"你不应该……""你……是错的"，而不习惯直接说"我希望你能……"。

一位同学曾经说："我身边有一个负能量爆满、充满攻击性的家人，这让我特别愤怒。"我就告诉他："你可以尝试向对方表达你的期待。"他说表达过，没有用。我接着问他："你是怎么表达的呢？"

他说："我告诉过他，'你不要每天这么负能量！你不要总是攻击我！'"

在这个表达中，先不说"每天""总是"这种表达是否恰当。这位同学的表达有一个很典型的特点：用否定的方式表达期待，而非直接表达期待。

这种表达当然是有好处的。好处之一：直接对现状进行否定更为简单。正面表达期待，需要让大脑转个弯，通过不喜欢的场景勾勒出喜欢的场景，然后再去表达，这不符合潜意识的"最省力"原则。比如，这位同学的"不要攻击我"的期待，用正面的表达应该是什么？得先动动脑想一想。

这种表达的坏处：使用否定的方式，会更难以实现你的期待。

对方要透过你的否定，看到你背后的期待，这更是需要动脑的。首先需要进行一个"否定 = 期待"的公式代换，这需要一定的专业训练才能做到。而普通人在察觉到对方愤怒的时候，就会直接掉入对对方的情绪抵抗中，根本没有多余的精力再去思考对方的语言背后是在表达什么。对他来说，保护好自己，比听你说什么更重要。

只有内心很强大的人，才能够消化对方的愤怒所带来的冲击，同时还能有多余的精力去看看对方在表达什么。就像武功高的人被人打一样，他不忙着还击，他要跟对方周旋，透过对方的招数先看清他的套路是怎样的。

/ 需求羞耻感 /

使用否定表达期待的第二个好处，就是防御了需求的羞耻感。直接表达期待，有时候会感觉自己是在求对方，感觉自己的姿态很低，说不出口，会有羞耻感。

比如"我希望他不要攻击我"这个期待的正面表达是什么呢？比较容易意识到的是"我希望他离我远远的"。其实这个很

理解愤怒

好实现，距离是相对的，他不离你远点，你可以离他远点啊。但实际上对那位同学来说，家人是没有办法随便离开的。他背后有一个真正的期待：

> "你一攻击我，我就受伤了，我对攻击真的很不耐受。所以，我希望你能照顾一下我的脆弱。"

很多时候，我们直接表达期待，都会有一种"我很需要你"的低姿态。一个人不喜欢请求别人的低姿态，就要用相反的方式来防御，表现出高姿态。明明是我在请求你做一些事，但我要用高高在上的姿态来防御我内心主动请求的低姿态。这时候愤怒就是一种保护自尊的方式了。

直接表达期待，会让有些人有一种请求别人的感觉。而当人在愤怒时表达的期待，则是一种要求。请求和要求是不同的。

请求是带着尊重的：我希望你怎样。这种表达里首先是没有理所当然的。这句话背后的感觉是"别人帮你是情分，不帮你是本分"，这是一种你帮助我做件事的心态。

而要求则是带着强迫的：你必须要怎样。这种表达里的理所当然感就非常强。这句话背后的感觉是"这是你该做的，不做你就是坏人！"这是一种天经地义的心态。

表达请求，你是允许对方拒绝你的，而表达要求，则代表了对方不能拒绝你。所以判断请求还是要求的方式，就是你在表达前，是否允许对方拒绝你。

/ 愤怒是"我嫌弃你" /

为什么对有些人来说,低姿态会有羞耻感呢?

其实低姿态本身是不会让人有羞耻感的。我们请人办事、见领导、路上停车刚好被交警贴罚单、遇到了心仪的对象,在这些时候我们心甘情愿地去放低姿态,希望对方给我们一点关注和照顾,丝毫没有羞耻感。怎么到了让我们愤怒的对象这里,低姿态就有了羞耻感呢?这是因为你潜意识里觉得自己比对方高级,看不起他。

请求你看不起的人帮忙,这就有辱你的傲娇了,但是又需要他为你做点改变。该怎么办呢?高高在上地发布要求,就既维系了你看不起他的高姿态,又可以让他去为你做一些事。

我们前面说过,愤怒是一种对他人的期待,也是一种需求。但有趣的是,愤怒也是一种对他人的嫌弃。显而易见,我觉得你这里不够好、那里不够好,但我又不接受你的不够好,所以我希望你改变。而当我觉得你不够好的时候,其实我已经在嫌弃你了。但深层次来说,这种看不起,并不只是我对眼前这件事有意见,而是我对你这个人有意见已久。当下这件事只是我长期以来看不起你的一个出口。

一位同学对男朋友不主动联系自己很生气,是因为她觉得自己很优秀,觉得男朋友有很多地方配不上自己,跟这样的男人在一起是自己受委屈,对方有福气。"但是他居然敢不接我电话,这个人对自己的认知太没数了。"但出于平等的人设需求，她是不会轻易这样表达的。

反过来想一下：如果她跟一个比自己优秀的男生谈恋爱，对方是她崇拜的对象，是她主动追求的。这时候男朋友不回消息，她可能会很担心，但不会愤怒了。她愤怒的，其实不是男朋友不主动回消息，而是男朋友居然看不清楚自己的位置，不主动把自己放到低姿态的位置上。

一个妈妈觉得自己的孩子很糟糕，学习不够好，还不爱写作业，一点都没有遗传自己积极认真的优点。其实她从骨子里，就嫌弃这个孩子。但又不能承认自己的嫌弃，毕竟孩子是自己的亲骨肉。

反过来想想：假如这位妈妈的孩子学习优秀，不怎么努力就能学习得很好，给了她很多的荣耀，让她有"资本"在邻居面前炫耀。那么，这个孩子周一早上狂补作业，这位妈妈还会那么愤怒吗？

还有一位同学说："带孩子去补习班，找不到车位，绕了一圈一个位置也没有，我的火气就上来了，自我觉察一下就是着急，感觉胸口前有团火，特别想发泄。"

找不到停车位着急，这容易理解，那为什么会愤怒呢？因为你的潜意识里觉得这座城市配不上你。

你内心深处，越是觉得这座城市配不上你，你对它的交通、公共设施、建设规划就越是容易愤怒。

还有很多人容易对陌生人愤怒，见第一面就很愤怒。实际上是我对你这种人嫌弃已久，恰好在此刻面对你的时候爆发了。

愤怒并不是一时的嫌弃，它是积压已久的看不起。所以愤怒其实是在说："我早就看你不顺眼了，我终于借着这件事表达出来了。"

/ 处理愤怒，就是处理嫌弃 /

愤怒是一个机会，它把你对对方长久以来的不满暴露了出来。这时候借着愤怒，你就可以发现：

> 你对他，平时有哪些不满意？
> 你有哪些看不起他的地方？
> 你觉得自己的优越感在哪里？

然后你就可以做个决定：你可以光明正大地鄙视他。

如果你想对对方诚实的话，你就可以直接告诉对方："我直说了吧，我已经嫌弃你很久了！"

如果你不去处理这种嫌弃，你们之间就始终有个疙瘩在那里。这时候你就需要发现他的优点，明白虽然你有些地方比他好，但他有些地方也是比你好的。综合来讲，你们是在一个水平线上的，是平等的。如果你找不到他的优点，你就是嫌弃他，觉得他很糟糕，你也可以离开他。但你又发现自己离不开他，这就说明他是有优点、有价值、有你留恋的部分的，这个部分难道不值得被欣赏吗？

理 解 愤 怒

/ 当别人对你愤怒 /

当别人对你愤怒的时候,如果你希望你们的关系变得和谐,你可以请他列举一下他对你有哪些不满意,然后你们对此做些沟通,你和他之间隐藏的疙瘩就容易解开了。但如果你想利用对方的愤怒攻击他,你就可以在他对你表达出愤怒的时候这样说:

"我知道你的要求,我这么看不起你,当然不会去做了!"

思考与表达

写下你的一次愤怒经历。是对谁产生的愤怒？发生了什么？或者直接使用前面的愤怒案例。

1. 在这次愤怒中，找出你看不起他的地方。
2. 找出你看不起他的三个证据。
3. 谈谈你的感受以及想做出的调整。

愤怒中的愉悦感：
嫌弃你的时候，我就有了价值感

/ 价值感的必要性 /

价值感是人活着所必需的心理需求之一，这和我们的生存息息相关。

从小我们就有这样的体验：更懂事、更聪明、学习更好的孩子，更容易得到父母的认同，也更容易得到邻居、老师和同学的认同，更容易被爱。而更被爱的那个人，就会获得更多更好的资源，也就更容易生存。

从生物进化的角度来看，也是如此，优胜劣汰。更优秀的人，具备了更多生存下去的资本。在种族中，更优秀的那个人，会更被拥戴，从而更被大家所保护。

无论从物种基因的角度，还是从后天环境教育的角度，让自己优越于他人，都是非常重要的。

你可以想象一下，如果你觉得自己到处都是缺点，哪里都很差，处处都不如别人，这样的你，每天醒来面对这个社会，你会有什么样的感觉？你会觉得焦虑又痛苦。

一个人只有先体验到价值感，才能去努力地生活，才有心理空间去做自己真正感兴趣的事，才有能量去爱自己想爱的人，甚至才能够去正常地生活。

当一个人找不到自我价值的时候，潜意识就需要来帮帮忙，让自己体验到"我很好"。至于客观上"我是否真的很好"并不重要，重要的是我自己如何感知我自己。

/ 愤怒中的愉悦感 /

愤怒是获得价值感的重要途径之一。

愤怒时你是嫌弃别人的。嫌弃别人，对自己有什么好处？好处之一就是可以通过说对方的"差"来显示自己的好。我越是觉得你做得不对，就越觉得自己正确。我越是看不起你的缺点，就越觉得自己浑身都是优点。我嫌弃你的时候，就能体验到自己高高在上的优越感。

这是潜意识"水落石出"的游戏：水落下去，石头就出来了。也就是说，先把别人看得低了，就会显得我高了。

你可以去感受一下：当你指责一个人"你很自私"的时候，你会感觉到很委屈。在委屈的同时，你是怎么评价自己的呢？你会觉得：对方为什么不能像我一样呢？我就是一个很无私的人啊。

当你因为孩子太磨蹭而愤怒的时候，你会感到很挫败。但你内心深处有没有一丝"怎么就不像我这么麻利"的快感呢？假如你觉得自己比他更磨蹭的话，你的确也就不好意思说他太磨蹭了。

理解愤怒

当你指责一个人"你怎么插队啊，没素质！"的时候，你内心同时也会涌起"我是在乖乖排队，我是有素质的人"的优越感。

当你指责一个人"你一点都不上进"的时候，你内心深处就体验到了巨大的"我很上进"的自豪感。

当你指责一个人"你一点都不照顾别人的感受"的时候，你就体验到了"我是一个很懂得照顾别人感受的人"的壮烈感。

愤怒、鄙视、不屑、抱怨、看不惯、挑剔，这些都是我们嫌弃别人来获得价值感的重要途径。

愤怒之中其实也蕴含着愉悦感。愤怒虽然看起来是一种难受的情绪，但你会发现他人在开始指责的时候，会变得声音高亢、语言流利、逻辑清晰、专注度高，这完全是非常兴奋的生理唤起；你会发现人其实很少能注意力这么集中地去做一件事，这说明在潜意识里，表达愤怒是很享受的过程。

在愤怒的时候，直观语言虽然是"你怎么这么差"，潜台词却是"不像我，我怎么这么好"。

优越跟优秀不同，优秀是"我很棒"，优越则是"我比你棒"。一个人如果内在无法确认自己的价值感，就需要通过与他人比较、以他人为参照物，来确认自己的价值感。

/ 愤怒是暂时忘记了我很差 /

有些人会觉得：我愤怒的是对方没有能力做的那件事，其实我自己也做不到，但是我不认为我在嫌弃他。比如有些人内向，却看不得孩子内向，在孩子表现出内向腼腆的时候就很愤怒。实际上，你在愤怒的那一刻，会暂时忘记自己也是个内向的人。在愤怒的那一刻，你会做出比较，觉得自己比孩子要好，没他那么内向。你跟外人比，发现自己很内向，但你发现孩子比自己还内向，这时候在孩子面前你就会觉得自己很好了。

在社会上，在日常生活中，我们会觉得自己在某些方面很差，无法消化。所以我们要对一个做得更差的人愤怒，这时候嫌弃他，是在告诉自己"其实我还好"。

还有同学问我："我在嫌弃孩子写作业笨的时候，我仔细体会了一下，好像感受不到这种对孩子嫌弃而带来的优越感呀，反而体验到的是其实自己也不够好。我该如何理解这种体验呢？"

这位同学首先体会到的"不好"，其实是"我是个不够好的妈妈"。作为妈妈的角色，教育不好孩子、辅导不好作业、发脾气、嫌弃等的确会让她体验到自己是个很差的妈妈。但角色之外，作为人的这部分，却不影响她潜意识里同时体验到"我一点都不笨""我就很机灵"的优越感。

所以她先后在很短的时间内体验到了"我是个做事情很机灵的人""我是个脾气不够好的妈妈"这两种心情。

/ 什么是安全的关系？/

愤怒能带来价值感，我们也需要价值感，那么**人就会无意识地选择一段总是让自己愤怒的关系，来让自己既愤怒又得意。**人

理解愤怒

的潜意识为了寻找这种优越感，也会做两件有趣的事：

- 跟一个糟糕的人在一起。
- 发现一个人糟糕的一面。

这两种情况，都会轻易让人生气。

一些嚷嚷着"我要找个上进的伴侣"的人，最后却找了一个不上进的伴侣。因为通过伴侣的不上进，才能体验到自己的上进。

可你要反过来想：假如你找了一个比自己还上进的人做伴侣，会是什么样的感觉？这个人比你更上进，他进步的速度，比你快。你每天看着他变得更好，看着他与自己的差距越来越大，这就会激活你被抛弃的恐惧。

而找一个不如自己上进的人，就完全不一样了。你可以边嫌弃他边愤怒，同时有种踏实的安全感："你都不如我上进，只有我抛弃你的份，而没有你抛弃我的份。"

同样，无论你找的对象是谁，他都有优点和缺点，有比你好的地方也有比你差的地方。你可以体会一下：对于他比你好的部分，你是怎么谈论的呢？你是会表达羡慕、喜欢、欣赏，还是会很少谈论呢？对于他不如你的部分，你是怎么谈论的呢？是会经常指出来，要求他改、嫌弃他，还是会按捺住自己的想法，保护他的自尊呢？

对于这两点，你在谈论的时候情绪唤起的浓度是一样的吗？

哪部分更高呢？

热恋中的人，当然是很为对方考虑的，不在此列。因为热恋本身就只是在恋，是没有生活的。当你们的关系稳定了，开始有了真正的二人生活后，你是怎么对待他比你好的地方和比你差的地方的呢？

对很多人来说，谈论对方比自己优秀的地方，会有羞耻感，因为说"你好"，就是在说"我差"呀。而谈论对方比自己糟糕的地方，则会有愤怒的快感了，因为说"你差"，就是在说"我好"啊。愤怒就是失望，失望就是在说"我比你高级"。我高级了就代表我能够抛弃你，而你不能够抛弃我。所以愤怒的背后，其实是有巨大的不安全感的。

/ 当别人对你愤怒时 /

愤怒是潜意识在找自我价值。所以，**夸奖就是治疗愤怒的一剂良药**。

如果你是一位母亲，当你在批评孩子不够认真的时候，你会很愤怒。但是如果你的孩子接受过我们心理课程的训练，懂得了潜意识的运作原理，然后他很认真地跟你说："是啊，我的确不如妈妈这么认真，真的应该向你学习呀。"这时候，你愤怒的情绪虽然不能立刻消除，但会不会有所缓解呢？这时候你会怎么回应他呢？

当别人对你愤怒的时候，如果你能绕开他的批评，反之给予

理解愤怒

肯定，你会发现他的愤怒值会明显降低，并且在那一刻，他也没那么在意当下做的事情是好是坏了。因为他的状态变好了，他情绪的瓶子变得更充盈了一些，接纳力变得更强了。当然，前提是你要意识到：**当一个人对你愤怒时，他可能只是想表现一下他自己而已。**

如果你想跟一个人建立深入的关系，你可以在他愤怒的时候看到他内心深处渴望被认同的部分，并真诚地认同他。你要做的，无非就是告诉他："是啊，我这么糟糕。不像你，在这方面就很棒。"

一位同学说："我非常看不惯新闻里邓文迪之类的人物，对那些不择手段获取资源的人很愤怒。"然后我就回应了他一句："你在生活里，一定是个很正直的人吧，做事光明正大，并且是那种脚踏实地、靠自己的努力一步步实现理想的人。"然后他说，终于感到有一个人理解他了。他就特别感动。

愤怒看起来是一个人最强大的时候，但其实也是一个人最不设防的时候。你避其锋芒，绕到他内心深处柔软的部分，就会发现，那里其实很脆弱。

当然，你如果想刺激一个人，就可以这么做：他在哪里求认同，你就在哪里批评他。

如果他嫌你笨，你可以告诉他："你才笨呢！你是我见过最笨的人！"

感受一下，后果会怎样。

/ 为什么不直接求夸奖？/

人在愤怒时，潜意识里的语言是：

> 我这么好，你知道吗？
> 那你倒是夸我啊？
> 你怎么不夸我呢？
> 你要是不主动夸我，我就得打击你了。

既然如此，人为什么不直接求夸奖反而要用愤怒的方式呢？这其实是一种潜意识里的冲动，却不能被直接意识到，不然会有自恋的羞耻感。其次，求别人夸奖自己，和被别人主动夸，感觉是不一样的。但是，使用愤怒求夸奖的坏处是，别人常常识别不到你这是在求夸奖，而且会觉得你是在否定他。可是他也很想被夸，怎么办？

他就会反驳，想向你证明他没有那么差。因为他也想要被你认可，被你爱，不被你抛弃。而他反驳的方式，会让你觉得自己被否定了。这时候你就会想进一步地否定他，来证明自己才是好的。你们两个就进入了这样一种相互否定的魔性循环中。

否否相报何时了？夸一下他又何妨？

理解愤怒

/欣赏你自己/

比起从外在寻求认同，更有效的方法是自我认可。愤怒是一种在意，你期待什么，说明你在意什么。你在意的背后，则蕴藏着一种优秀的人格品质。所以，你可以欣赏一下自己的优秀吗？

一位同学说："室友每次都是等我回去的时候，抢在我之前洗澡。我不回去她不洗，我一回去她就开始准备，她就要抢在我之前洗，我还要等着她，我就特生气。"等我们做了一些探索后，发现她给室友贴的标签是"没素质"，她对室友没素质很愤怒。

于是我邀请她去欣赏一下自己："愤怒在告诉你，你是一个比较有素质的人。也许别人做不到你这么优秀，但那是没办法的事。你可以给自己一些欣赏吗？欣赏自己与室友不同的部分，欣赏自己有素质的部分。"

愤怒就是在告诉你："你很棒！"你需要给自己更多的认可，而非期待别人来认可你。

当你能够开始欣赏自己的时候，你就不再那么迫切地想从别人那里得到认可了。而这时候，你才有可能真正地学会去欣赏别人。

欣赏自己，不同于自我催眠。如果你只是对着镜子说"我很棒！"这无异于自我强迫。真正的自我欣赏，是发现自己的确很好的证据。对这位同学来说，他可以进一步思考：自己都做过哪些有素质的事？有哪些有素质的表现？

证据,才是自我欣赏的实锤。

期待没有被实现,也许让你痛苦,但同时也会感动:我是一个愿意践行某种良好品质的人。对此,你可以给自己一些欣赏吗?

透过期待,我们会看到自己内在有一个很美丽的地方。那里,足以值得我们为自己感动。

思考与表达

1. 思考你对伴侣、父母等重要他人，最常有的否定和嫌弃是什么？
2. 透过嫌弃和否定，你是想表现自己的什么？
3. 找到答案后，大声朗读，并体会一下你的感受：
   我对你____很生气，一点都不像我，我就很____！
   比如：
   你很自私，一点都不像我！我就很无私！
   你很懒惰，一点都不像我！我就很勤奋！
   你这样做会伤害孩子的！一点都不像我，我就从来不伤害孩子！
4. 思考一下：有哪些证据，可以证明你做得比他好？写下来并体会你的感受是什么。
5. 你的这个期待，背后代表了你是一个拥有什么特质的人？你想怎么欣赏自己？

愤怒是一种忽视：
你只有满足我的条件，我才爱你

/ 比起爱你，我更爱这个问题 /

愤怒是一种伤害。每个愤怒者在愤怒的时候，都同时知道这样会给对方带来伤害，也会给你们之间的关系带来伤害。所以我们对爱的人表达完愤怒后，又会陷入自责，觉得自己没有控制住情绪是不对的。但我敢打赌，下次发火时还是该怎样就怎样。"下次一定要改"，大概是这辈子我们跟自己说过的最多的谎话了。

为什么改不了呢？因为让你愤怒的这个问题实在是太重要了，比你们的关系还重要，比他的感受还重要，以至于你宁愿伤害你们的关系、宁愿让他感到不开心，也得让他先解决掉这个问题。

愤怒是把问题放到了第一位，把对方放到了第二位。

愤怒者的潜意识认为：问题比对方更重要。在解决了这个问题后，我就可以去照顾你的感受，可以看到你了。但这个问题解决之前，我只能先放弃你的感受，来满足第一重要的问题。因为，这是非常伟大的智慧：丢卒保帅。

所以，愤怒虽然是一种伤害，但并不代表我们不爱对方。而是，我们的爱是一种有条件的爱：解决了这个问题的你，才是值

理 解 愤 怒

得我爱的；不解决这个问题的你，是不值得我爱的。我不喜欢现在的你，我只喜欢理想的你。

当你愤怒的时候，你与他人之间就隔了一个"对错"，而他只有克服了这个"对错"，才能得到你的爱，就像是翻越千山万水才能见你一面一样。

当问题横在前面，他这个人就被忽视了。就像你更爱你的某个孩子，另外一个孩子就会觉得自己被忽视了一样。

/ 拿自己的爱威胁别人 /

有条件的爱，起码也是爱。这也为别人获得爱提供了可能。

愤怒在说："我也不是真的想伤害你。如果你乖乖听话，先满足我的条件，变成我理想中的样子，我是可以继续爱你的。"

一位同学说："我的孩子不守承诺，答应我玩一个小时手机就放下，结果玩了两个小时还没停，这让我很生气。"

这个妈妈的愤怒是在说："我只爱守承诺的你，不爱不守承诺的你。如果你不成为守承诺的人，我就伤害你。但如果你变成了一个守承诺的人，我就可以继续爱你了。"

还有一位同学说："我老公买彩票持续 20 年了还不中奖，每次都说就差一点，我听了特别愤怒。"她给老公贴的标签是"总想不劳而获"。这位同学的愤怒其实是在表达："你是否想不劳而获对我来说很重要。我不爱现在想不劳而获的你，只有你变成认真踏实的样子，我才愿意继续爱你。"

愤怒的人，在拿自己的爱威胁别人。愤怒的人总觉得："我对你来说很重要，你其实是很在意我怎么对你的，很在意我是否爱你，是否要离开你、伤害你。"

/ 我期待你向我妥协 /

有条件的爱，并不是一件坏事。你之所以敢这么对他，是因为你觉得你有威胁他的资本。如果别人在乎你的爱，你对他来说很重要，他就没有办法，只能向你妥协，先满足你的条件，选择改变自己。即使他非常不愿意，那也只能让你得逞。

比如，你的孩子离不开你。当你生气的时候，他会象征性地跟你顶嘴。但你一直坚持愤怒，他就不得不放弃自我，向你妥协。比如，爱你的人离不开你，最多跟你讲讲道理。当你生气到动用拉黑、分手、离婚等手段的时候，他因为离不开你，就不得不向你妥协了。比如，讨好型的人。他们很在乎别人的看法，很怕别人不再搭理他了。你的愤怒，也容易让这些人妥协。

这就算有条件的爱的好处，你可以利用你的愤怒，去威胁那些需要你的爱的人，得到你想要的效果。然而，那些不需要你的爱的人，你的愤怒就不管用了。或者说，他虽然需要你的爱，但是跟你的要求比起来，他觉得你的爱没有那么重要，那么他就不会被你的愤怒威胁到了。

你觉得他错了又何妨，对他有要求又怎么样，他如果完全不在乎你收回自己的爱，那无论你怎么愤怒都无济于事了。

理解愤怒

/ 大方地承认 /

这么说并不意味着你要强迫自己给出无条件的爱。爱本来就是一个技术活,我们没那么爱对方也很正常。我只是邀请你对自己诚实一点,大大方方地承认,在问题面前,你就是没那么爱他。

很多人会以爱的名义去改造对方,实际上那只是你更爱问题。你构造了一个理想的对方,强求对方变成你想要的样子。你更爱的,其实是你想象出来的品质。

在电影《囧妈》里,徐峥和袁泉扮演了一对夫妻,后者曾对前者说:"在你心里面长了一个幻想的老婆,她应该喜欢什么、讨厌什么、该怎么说话,你全都设定好了。你为什么要锲而不舍地改造我呢?都这么多年了,你难道还没有意识到我不是你想象中的那个人吗?"对于徐伊万来说,大方地承认自己就是爱幻想中的那个老婆,而不是真实的老婆,就是婚姻走向真实的开始。

有些人会觉得,真实表达岂不会破坏关系?**真实确实不等于和谐。**如果你们的关系本身就危机重重,表达真实的部分,就有可能会让它迅速破裂。但那不是因表达而破裂的,是本就该破裂了。但如果你们都不想破裂,借着真实,你们就有了修复的可能。

同样,当别人对你愤怒,你也要知道:此刻,他不爱你了。对他来说,你成为什么样的人,比你现在是什么样的更重要,比你的感受更重要。

/ 我有多恨你,就有多爱你 /

不要觉得有条件的爱不好。从积极的角度来说,第二位的爱也是爱。虽然此刻他让你不满意,你很恨他,但这同时也意味着,平日里当他表现得符合你期待的时候,你给的爱也是非常非常浓的。

比如说,你的孩子玩游戏你很愤怒,那一刻,你觉得他不是个爱学习的孩子,你就不爱他了。但当他满足了你的条件,没有表现出不爱学习的时候,你还是很爱他的。你愿意给他很多的宠爱、关心、照顾,你为他也做了很多实实在在的事。

当你的伴侣不负责任的时候,你对他非常不满意。但当他符合你的期待时,你还是会为他付出很多。

有条件的爱,只是不完美的爱,并不是不爱。不要幻想着自己是全能的神,可以没有自己的喜好而给出无条件的爱。当你愤怒的时候,当那一刻你不想爱对方的时候,我邀请你,先去看到自己付出的那些时刻,给自己一些欣赏,而非总是盯着自己没有给出爱的部分,责怪自己不会控制情绪。

/ 你对我很重要 /

爱之所以要有条件,是因为"你对我很重要"。

愤怒虽然是一种用爱控制人的方式,但实际上,当你在凝视

理解愤怒

深渊的时候，深渊也在凝视着你。你在控制别人的时候，你也正在被别人控制。

我有一个网络作家朋友，他会写一些文章在网上发布。有次他跟我说："看到有些读者胡说八道，我就特别生气，然后就会和读者吵架。能吵十来个回合。"你能想象那个画面吗？一个网络作家，跟他的读者在留言区吵架十几个回合。当时我就觉得，"你是有多在意他是不是个理想的读者，才能这样跟他吵架"。

有这样一则故事：一个人趴在阳台上听到一位妈妈在怒吼："你说呀！到底什么关系！"他正想去一探究竟的时候，那位妈妈又接着怒吼："互为相反数啊！"妈妈愤怒的吼叫声，是在强调孩子会不会做那道题是有多么的重要。

还有很多妈妈，因为孩子作业的问题把自己送进了ICU，这也让我非常惊讶，她们是有多在意孩子的学习，才能对自己造成这样级别的伤害。

当你企图用愤怒控制别人的时候：你会变得不理智，经常做出一些冲动性的决定；自己的情绪会受到很大的冲击，久久不能平复；会不顾及自己的形象，完全变成另外一个样子；甚至会把情绪带到接下来要做的事情中，影响自己正常的工作和生活。

因此愤怒也在说："你对我来说非常重要！重要到你不变成我想要的样子，我整个人都没有办法正常生活了！"

对愤怒的人来说，在那一瞬间改变对方、解决某个问题就变成了他的全部，其他的都不再重要了，都无法顾及了。愤怒的人会特别着急改变对方，却很少会去思考：

你为这个问题牺牲了多少？

这个问题为什么那么重要？

既然这么重要，为什么只有对方改变才能解决？有没有其他的解决方案？

实际上，通过上述思考，就可以降低问题的重要性，从而降低愤怒值了。

思考与表达

写下你的一次愤怒经历。是对谁产生的愤怒？发生了什么？或者直接使用前面的愤怒案例。

1. 生成标签A，并找出你对他的要求。
2. 为了让他变成你想要的样子，那一刻你做出了哪些牺牲？你如何看待这些牺牲？
3. 生成这样的句子，大声朗读，并感受一下，当你这么表达的时候有怎样的感受：

   我不喜欢现在 ____ 的你！

   我不接纳现在 ____ 的你！

   我不允许真实的你！

   你必须要变成我想要的样子！

   你必须是 ____ ！

   你只有变成我理想中 ___ 的样子，我才满意！
4. 是什么原因导致了你对这个问题这么在意？你如何看待自己对这个问题的在意程度呢？

有时候，
你比问题更重要

/ 问题更重要还是关系更重要？/

愤怒是把问题看得比对方更重要。很多时候，我们之所以把问题放到比人本身更重要的位置上，是因为我们没有过被优先于问题对待的经验。对很多人来说，从小到大唯一熟悉的生活方式，就是问题为上。别人的感受不重要，我们的关系不重要，解决问题才重要。

一位妈妈抱怨说："我的孩子做一道简单的计算题总是错，实在太马虎了。这让我很愤怒，我总是忍不住对他发火。"

这位妈妈非常在意孩子"做计算题"的问题，非常在意孩子是否"马虎"。有多在意？比在意自己的孩子是否开心、有没有自己的感受更重要，比她与孩子之间的感情更重要，比孩子如何看待妈妈更重要。可这个"做计算题"的问题，真的有这么重要吗？

对于这个问题的思考，会让人某些观念变得松动。你会有一个觉知：他"做计算题要做正确"虽然重要，但其实孩子本身也很重要。如果你爱他，如果你想保护你们的关系，那就要把他的想法、他的感受、他的情感、自己与他的亲子关系，放到一个更重要的位置。"做计算题是否出错"这个问题，不应该成为此刻最重要的问题。此时，你的注意力就会转移，不再只是盯着"做计算题是否出错"这个问题了。你的视野，有了更宽的范围。你的愤怒，也会随之减少，甚至会因为在乎孩子的感受而消失。

有些人觉得，只有解决了问题，才能处理和维护我们之间的关系。举个例子，有人认为："他总是评判我，这个问题如果不解决，我们的关系就没办法和谐啊。"这实际上就是你已经判断"我好不好"比"我们的关系"更重要。如果一个2岁的孩子对妈妈说："坏妈妈，哼！我再也不理你了！"这时候对这位妈妈来说，是自己在孩子眼里好不好更重要，还是你们的亲子关系更重要呢？

/ 忠于自己内心的选择 /

问题更重要还是关系更重要？发出这种疑问，其实不代表所有情境下，问题都不如人重要。

一位同学谈到对妈妈的愤怒："弟弟单身，收入略高于我，完全有能力供房。而我有房贷要还，还有两个孩子要抚养，有段时间老公还待业，妈妈却想方设法要我把存款拿出来'借'给她，为弟弟付全款买房。"

解决这个问题，其实根本不需要愤怒。因为就算你不"借"，妈妈也拿你没办法。钱在你手里，她还能抢过去不成？但这位同学是做不到的，因为她还要考虑妈妈的感受，她如果不"借"钱给妈妈，妈妈就会伤心、会失望、会生气，但她又做不到心甘情愿给妈妈钱。所以，对她来说，钱和妈妈的感受，都很重要。二者发生了冲突，她消化不了。

在这个时候，依然可以问一个问题："钱（我们之间的问题）更重要，还是妈妈的感受更重要？"

如果你的内心做了一个判断，是钱更重要，那就不用再考虑妈妈的感受了。如果你觉得妈妈的感受更重要，那就放弃钱。

当你做出忠于自己内心的选择时，你就可以为自己的选择负责了，也不会再对别人愤怒了。因为，愤怒就是你无法为自己负责的时候，希望别人为你负责。

有时候，你之所以愤怒，是因为别人在指责你、否定你、伤害你，你使用愤怒来保护自己。这时候，你更关注的是"在你眼里，我是不是好的"。你依然要问自己一个问题：他对你的看法更重要，还是你们的关系更重要？

/ 不含敌意的坚决 /

当你觉得对方更重要，觉得你们的关系更重要时，并不意味着你要使用妥协来保护对方，来维护你们的关系。这种状态可以表述为：我可以不同意你的观点，但我依然可以保护你这个人。

在小孩长大的过程中，基于他人生认知的有限性，经常会提一些"无理"的要求。比如说，在坐火车时他会突然跟你说想立刻回家，路过玩具店时会很想要某个特别贵的玩具……你不满足他的这些需求，他就会跟你闹、发脾气。

这时候，你没有办法满足他的这些需求。应该怎么做？有的妈妈就会很愤怒，指责孩子"不懂事""无理取闹"，会威胁他："再不听话我就不要你了！"实际上，这就是妈妈把问题放到比人更重要的位置上了，在那一刻，她们更想要一个"懂事"的孩子，而非真实的孩子。

那如果要把孩子放在更重要的位置上，应该怎么做？——平静地拒绝。

"我允许你表达需求，我只是无法满足你而已。我允许你有自己的观点，我只是不同意而已。虽然你是个'不懂事'的孩子，但我尊重这就是真实的你，并依然爱你。我不会因为你不是我想要的那种孩子，就用我的权力去伤害你。"

"如果你因为拒绝而感觉到受伤，我很想跟你道歉，愿意跟你解释，让你好受一点：很抱歉，妈妈满足不了你，原因是……我道歉不是因为我错了，而是为你的难过感到遗憾。"

"同时，我愿意看到你的难过，愿意陪着你一起难过。你因此生我的气，我也会在这里陪着你。如果你愿意，我也可以做点别的来让你好受一点。"

这就是：不含敌意的坚决。

我坚持我自己，你也可以坚持你自己。我表达我的观点，你也可以表达你的观点。我们可以在观点层面上做讨论，彼此坚持。但无论我们怎么坚持，即使你不改变，我也不会因此而放弃跟你的关系，更不会使用愤怒来威胁你、惩罚你、强迫你改变。

/ 区分观点和人 /

要做到"不含敌意的坚决"的核心，就是区分观点和人。

当你发现对方的观点与你不同的时候，你可以不同意他的观点，但你依然可以接纳这个人，这时候你的愤怒就会降低甚至消失。但当你觉得他这个人很糟糕，而不是他的观点很糟糕的时候，你的愤怒就会非常强烈，很容易对他人进行人身攻击。

一位同学说："我老公和异性交往时从不顾及我的感受。"这时候，如果你觉得"他就是一个对我冷漠的人"，你就会特别愤怒，觉得他糟糕透了，甚至有想放弃关系的冲动。但是如果你觉得他依然爱你，你认为他这么做只是因为他的观点是"和异性交往，没做越轨的事就没关系"时，你就可以做点工作了。你可以去跟他表达你的感受和需求，可以去跟他讨论你们观点的差异，找到一个平衡。

愤怒的人之所以很难接纳别人的观点，是因为他把别人对他的观点直接等同于那是对他的否定和排斥，他会特别受伤，进而恼羞成怒。

一个人如果对你说："你真是太懒了！"这时候你会受伤吗？

如果你觉得，自己的懒虽然不被接纳，但你这个人还是被他爱的，你知道自己无论多懒，对方都不会离开自己。这时候，你就不会对他的指责有很大的反应。

我见过很多家庭就是如此：妻子每天指责丈夫懒、不洗澡、不收拾家务。然而这个丈夫依然笑呵呵地我行我素。因为他深深地知道：自己的懒不被妻子接纳，但是他这个人还是被妻子接纳的。

所以当你对别人愤怒、充满否定时，你要先问问自己："我在传递的，是否定他的全部，还是只是在否定他的观点？在我们之间，到底是问题更重要，还是关系更重要？"

当别人对你表达愤怒，并否定你时，你也要先问问自己："他是在否定我这个人，还是只是在否定我某个观点？"然后你们就有可能在维护关系的基础上，在爱与接纳的基础上，思考或讨论如何处理观点差异的问题了。

/ 使用愤怒防御亲密 /

然而在区分了人和观点后，依然很难。因为当你把一个人放到比问题更重要的位置的时候，就意味着你们之间没有被问题隔开。当你的孩子做计算题出错时，你依然觉得你是爱他的。但你潜意识里会认为这是一件很糟糕的事，因为这代表着你与孩子亲密无间了，比隔着一个"计算题"更亲密了！

亲密，并不是谁都受得了的。

你会发现很多妈妈、伴侣，都不喜欢跟对方表现得情意浓浓。他们更喜欢与对方讨论"你有什么问题"。

那么，表达情爱和讨论问题，有什么不同？——亲密感不同。

如果没有问题隔着，就像是没了遮羞布一样，不是所有人都能受得了的。因为过于亲密的体验,对于很多人来说,都是羞耻的。这叫作亲密羞耻感。

每个人能接受的亲密度都是有限的。被疏远,不亲密,会因孤独、寂寞而难受,就想做点什么来拉近彼此的距离。但是过于亲密,也会因羞耻、压迫而难受,就想做点什么来疏远。

愤怒在很多时候都发挥着一个作用:你快离我远点吧,太近了我受不了!于是,潜意识就会发现两个人之间的问题,借此来使用愤怒把对方推远一点。

如此你就能理解一个有趣的现象:两个人分开得久了,就没那么在意彼此的缺点了,小别胜新婚。但是两个人相处久了,就会相看两生厌。

同样,每天守着孩子的妈妈,每天都在找问题,让彼此的距离更远一点。通过心理上的推开,来抵消物理上的过近。这样的妈妈,很难对孩子说出"我爱你"。但是每天上班、没空陪孩子的妈妈就不一样了,她一定要说"妈妈是很爱你的",用语言拉近距离,抵消物理上的疏远。

所以,愤怒在某种程度上来说,就是通过制造问题,将对方推远。因为你们,实在太近了。

/ 亲密的坏处 /

对你来说,亲密可能是种不熟悉的经验。那么愤怒就是在保护你了:不要离我太近。

这种亲密羞耻感来自哪里？

小时候你和父母之间最亲密的心理距离，就是你长大后能承受的亲密心理距离。你小时候跟父母有多亲密，长大后就能允许自己和孩子、伴侣之间有多亲密。一旦超过了这个亲密距离，就可能引起吵架、嫌弃和疏远。一旦疏远，你就又会想主动挽留、找个茬来说话，再把距离拉近。

父母会通过找问题的方式把你推远。同样，你也就学会了这种方式。当你意识到这点的时候，其实可以问问自己：你准备好和一个人真正地亲近了吗？

亲密的另外一个坏处：没人在乎过我的感受啊。我凭什么在乎你的感受呢？没有人觉得我比问题重要啊，凭什么你要比问题更重要呢？

所以，你只有先去照顾自己的感受，先学会把自己放到比问题更重要的位置，才能用同理心对待他人。这就是我们下一章要重点展开的内容了。

思考与表达

写下你的一次愤怒经历。是对谁产生的愤怒？发生了什么？或者直接使用前面的愤怒案例。

1. 感受一下，对你来说，相比他的感受，在这次愤怒中，那个更重要的问题是什么？
2. 尝试大声朗读，并观察你内心的感受：

   _____ 比你更重要！

   你感受到什么不重要，_____ 才是更重要的！

   我们的关系不重要，_____ 才是最重要的！
3. 如果同时照顾他的感受，你想怎么处理这件事？
4. 如果同时照顾他的感受，这对你来说，会有什么不好的感受？
5. 你如何看待这个过程？

愤怒中的审判：
一种极大的愉悦感

/ 愤怒是一种惩罚 /

当对方让你不满意，而你对他愤怒的时候，你的内心会产生一些报复性的冲动，想要惩罚对方，迫使对方屈从，从而达到你的目的。在人际关系中，当我们无法用和平谈判、好好说话的方式来让对方做出改变的时候，武力容易成为解决办法。而武力解决的最初动力，就是愤怒。从远古时代人类诞生，到今天文明成了时代的主旋律，武力解决问题的原始方式，一直贯穿始终，本质上从未发生任何改变。

你在对一个人愤怒的时候，内心会想用两种方式惩罚对方。这两种冲动其实并不冲突，甚至在你身体里同时存在：

热暴力：我想伤害你。

你惹我生气，我就想打你、骂你、报复你，让你难受。甚至想毒打你一顿，连杀死你的心都会有。想骂你、诅咒你、撕碎你，让你下十八层地狱，永世不得超生。

冷暴力：我想抛弃你。

我想离开你、抛弃你、和你隔得远远的。如果你是我的孩子，我想把你塞回肚子里，或者送给别人。如果你是我的恋人，我想跟你分开，再也不相见。如果你是我的朋友，那我们绝交吧，认识你是我最大的不幸。

虽然现实层面上，你未必会忍心这么做，或未必有条件这么做，毕竟一方面情感会不舍得，另一方面法律也不允许。但其实这并不影响你在愤怒的那一刻，产生了这样的冲动。

/ 审判别人的愉悦感 /

你有没有想过，别人只是没有符合你的要求而已，你为什么就这么想惩罚他呢？

别人没有符合你的要求的时候，你就会觉得他错了，想惩罚他。这时候你的潜意识里就会体验到一种愉悦感，一种审判别人的愉悦感。

当你给他下了定义，觉得他错了，并提出要求的那一刻，其实你早已忘了对方是一个有自己判断能力的、独立的、与你平等的人。而你会在潜意识里觉得自己是他的主人。

"我有资格评价你，我有资格否定你，我有资格要求你"，这本身就说明"我"是高高在上的，你是低低在下的。这时候的"我"，仿佛拥有了对他人的审判权一样，手持法典，对他进行审判：

"你是什么样的人，我说了算。"

"什么是对的，什么是应该的，我说了算。"

理 解 愤 怒

"你要去做什么,我说了算。"

"你应该按什么规则生活,我说了算。"

"如果你不按我说的去做,我就会惩罚你。"

这时候的你仿佛代表了正义,化身为光明的使者。你还会认为:

"如果此时你因被我误解、被我否定或被我控制而感到很难受,那不好意思,这就是我想要的效果。这说明你认同了我的地位,惩罚是有效的。同样,如果你做好了,我会给予你表扬。我可是一个赏罚分明的人!如果你因此而开心,那更说明,我的奖赏是有效的。"

/ 全能自恋 /

成为世界的中心,这是人类的终极幻想。每个人的内心深处,都想体验高高在上、统治一切、唯我独尊的感觉。所以人类创造了很多与此有关的神话,来帮助人们在幻想层面上实现心愿。

每个孩子也会在小时候做"我是宇宙中心"的梦;到青春期甚至成年后,又开始做"霸道总裁梦""高富帅梦"……每个幻想也都在昭示着"我渴望成为世界的中心"。

这种感觉,其实是残留在人体内的婴儿全能自恋。婴儿刚出生的时候,会觉得自己是全能的。他对母亲有绝对的控制感:我要喝奶,你就要喂;我要你抱我,你就得抱。婴儿不会顾及母亲的想法和感受。婴儿对母亲来说,就是上帝。

随着我们长大,渐渐认识到了自己的局限性。在现实层面,我们已经做不到甚至不再去想成为全能的人了。但潜意识却又不甘于这样的平凡,甚至会制造出一些假象,好让我们有高高在上可以审判别人的愉悦感。

愤怒,就是在帮我们实现这个最原始的愿望。愤怒让我特别有力量,能够高高在上地否定你。

/ 反驳的意思 /

当别人对你愤怒的时候,你会体验到一种恐惧。这是因为你真的认同了他潜意识里的投射,觉得他具有主导权,而自己正在被审判。你的潜意识觉得自己要完了,这激活了你的死亡焦虑。但你的理智稍微恢复一下就能知道,他没有这个能力。他在否定你的时候,并不能真的审判你。所以,当别人对你愤怒的时候,你要知道,那一刻,他在潜意识里认为对你有审判权,他想决定你的一切。

而这时候,你就可以去问问自己:

"他说你是什么样的人,你就是什么样的人吗?"

"他说你错,你就错了吗?"

"他说你该做什么、不该做什么,你就要按照他的意思去做吗？"

"你要把判断自己的权利交给他吗？"

"你需要认同吗？"

"你需要反驳吗？"

反驳的意思就是"冤枉啊！不是这样的啊，大人！"其实，你还是把对方当成了规则的制定者和对你的统治者。

/ 愤怒让我被看见 /

愤怒让我感觉自己高高在上。而高高在上有一个很大的好处，就是被看见。

如果你自身条件有限，你又非常渴望被人看见，被人关注，那你就得站得高点。你站得越高，就越是容易被看见。越是身处中心，就越是容易被关注到。

所以千万别谦虚。什么样的人才谦虚？是那些自身条件非常优秀、不怎么表现自己时也有很多主动关注他的人，这种真正优秀、成熟的人，是很少否定别人的。他们对别人的态度，经常充满了认可和欣赏。而我等芸芸众生想要被看见该怎么办呢？只能靠愤怒了。借助气势、音量、理直气壮感压倒对方，这样就可以把自己的姿态摆得高了。从小到大，在家庭教育、学校教育与社会教育中，我们学习到：只有突出的人，才是被关注的；弱小的人，就会被忽视。

所以，愤怒实际上是想把自己摆到一个比对方更高的位置上，来防御自己内心深处的不重要感。愤怒看似强大，背后却是在说：我渴望被你看见。

因为从小到大都是这样，你的父母只会用高高在上的方式，来获得你的关注。而你，却没有同等的权利得到他们的关注。

/ 愤怒背后的无奈 /

每次你大声地朝对方呐喊"你错了""你不应该……"的时候，都可以再加上一句："我在跟你连接，你看见我了吗？我在跟你说话，你听见了吗？我都这么主动了，为什么你还不能关注一下我呢？"

这时候你内心深处真正的愿望就流动出来了。你会发现愤怒的背后，是深深的无奈。这种无奈，是即使你那么大声地指责对方错了，他也还是不会走出自己的世界来看你一眼。他只想反驳你，证明他没有错。

应对自己的愤怒，你要学会心疼自己。问问自己，你为什么那么害怕孤单，为什么那么害怕一个人，为什么那么渴望与一个人连接，为什么那么着急地想把另外一个人从他的世界里拉出来看看你。为什么你会那么虚弱，那么害怕不被看见。

然后你还需要给自己一些欣赏：为了被看见，你真的很努力。愤怒正是你努力的方式，你要跟自己的愤怒说一声：你辛苦了。也许小时候，没有人真正关注过你，你一直都是那个被忽视的孩子，这让你学会了只有大声呐喊才能获得关注。但你要知道，现在不一样了，你可以换一种方式去应对自己被关注的需要。

你要知道，即使没有人关注，你一个人也可以过得很好。你已经长大了，是个独立的成年人了，你可以照顾好自己。如果你非常渴望被关注，你可以直接告诉对方"你可以给我一点关注吗？"而不是使用"你错了"的方式去指责。

也许，从小到大，父母也需要你的关注。他们引起你注意的方式就是对你愤怒，你也学会了用同样的方式对待别人。这也正是你需要心疼自己的地方，当你很小的时候，你就不得不回应父母的需求。

你在面对别人的愤怒时，要知道，当他否定你的时候，他潜意识里其实是想通过否定你，让你看见他。如果你爱他，想跟他搞好关系，你可以给他一点关注，告诉他："你别生气，我看见你了。"你要知道，当一个人被看见的时候，对错，已经没那么重要了。

如果你想破坏你们的关系，想让他更难受，你可以大胆地告诉他："你对我来说，太无所谓了！"这时候他被忽视的创伤就会被进一步激活，这句话足够让他伤心了。

思考与表达

写下你的一次愤怒经历。是对谁产生的愤怒？发生了什么？或者直接使用前面的愤怒案例。

1. 在这次愤怒中，对方是怎么忽视你的？忽视了你的什么？
2. 感受一下，在这次愤怒的幻想中，你想怎么惩罚对方？你如何看待自己的这种惩罚冲动？
3. 在这次惩罚中，你希望对方被惩罚后，怎么对待你？
4. 感受一下，你背后那个被忽视的自己。你想对那个自己说些什么？
5. 完成下面的句子，并大声朗读，然后写下你的感受：

   我对你的要求就是 ____，如果你不听我的，我就惩罚你，抛弃你！

   其实我很希望你能 _____，想让你给我一点关注。

   你可不可以先不要忙你自己的事，先来看看我？

走出偏执，
接纳自己的平凡

/ 心智的三个发展阶段 /

你愤怒的时候，虽然非常需要别人做出改变让你舒服，但是你依然要知道，你想要别人改变，和别人自己愿意改变，完全是两回事。

我也希望能给你一根魔法棒，你一挥，别人的思想和行为都能跟着你的意志转移，让你的那些美好愿望都能成真。可是我不是天使，不是神灯，你也不是神。人总有一些愿望和要求无法实现。这时候你就要学会如何跟自己的期待相处。

我们对人的要求，一共分为三个阶段：
第一阶段：偏执期

愤怒的人，就是处在偏执期里。这时候人的潜意识里秉承这样一种逻辑：我觉得你应该关心我，你就得关心我！我想让你负责任，你就应该去负责任！我想要你尊重我，你就应该尊重我！我不管你的现状是什么，不管你是否愿意，只要我要求了，你就得去做！只要我想要，你就应该满足我！你不按我的要求去做，你就是坏人!

处于偏执期里的人,是以自我为中心的。他们沉浸在自己巨大的情绪、想法和匮乏感里,完全顾及不了被满足的可能性有多大,自己是否值得,现实的局限和他人的意愿等,他只记得一条:自己的需求必须要满足不可!

在偏执期里的人,是完全闭着眼睛单纯靠想象行事的。这时候的人,对自己是理想化的,觉得自己拥有无所不能的权力和力量;对他人也是理想化的,觉得别人有足够的能力轻而易举满足自己。

刚出生的婴儿,就处于偏执期里。婴儿基于对自己认知的有限,有任何需求都会直接呼叫妈妈。在婴儿的幻想里,他能无限制地支配妈妈满足自己,并且认为妈妈是无限大的存在,有足够多的能力满足自己的需求。因为子宫就是无限供给的。婴儿从未出生开始,体验到的世界就是想要什么就有什么。而出生是物理分离,婴儿内心无法完成从子宫照料到母亲照料的转变,再加上婴儿大脑发展得有限,他不会思考也无法理解为什么有时候妈妈不能满足我。

有些成年人,虽然身体在长大,但是内心有一部分固着在了某个地方,他会用一生的时间存在于偏执里。一旦失控就暴怒,无法接受自己控制不了外在和他人的状态。并且,为了证明自己要求的合理性,他们会不断去论证自己观点的正确性:

别人都能做到,你为什么做不到?

理 解 愤 怒

以前都能做到，现在为什么做不到了？

在别人面前、在别的事上能做到，为什么到我这里就做不到了？

第二阶段：抑郁期

随着婴儿的长大，他需要面对一个事实：妈妈不是全能的。很多需求，她都照顾不到、满足不了。她也有自己的局限和喜好，有自己的悲伤和缺失，她无法完全围着我转。这种感觉是令人难过、失落的。所以这个阶段被称为抑郁期。

一个人的愤怒，一旦走过了偏执期，就走向了抑郁期，人也就随之学会了向现实妥协。这时候，他潜意识里秉承这样一种逻辑：虽然我想要，但是我得不到了。

处于抑郁期的人，开始能够睁开眼睛看看这个真实的世界。他不仅能看到自己的要求，更能看到他人的无能为力，也能看清他人无法顺从自己的现实。所以，他就学会了放弃。

放弃，就是一个人成长的过程。虽然很难过，但是让人踏实。

很多人长大后，怀揣着对父母的愤怒从而无法走到这个阶段。他们还是偏执地认为"你生了我，就应该管我""你是我父母，就应该公平对待我"。

我访谈过很多重男轻女家庭中的女孩，她们几乎都在责怪父母为什么对弟弟或哥哥那么偏爱。女孩儿长大后，也还是难以接纳父母天生就是有所偏爱的。

还有一些人对父母满怀恨意：他们为什么从来都不肯定我！

为什么会一直否定我！这也是一种偏执。在这样的期待里，他们只把父母当成父母，而忘记了父母也是有局限的人。实际上，对于情绪化的父母来说，他们在面对孩子的时候，只能先照顾自己的情绪，根本没有空间肯定孩子。

对父母偏执的恨走向抑郁期就是去承认：我的确不是爸爸妈妈心中最重要的那个孩子，他们的另外一个孩子，比我更重要。他们的工作，比我更重要。他们的心情，比我更重要。

这时候，人就学会了哀悼。哀悼就是一个人成长的过程，就是去承认现实有局限的过程，也是承认自己平凡的过程。当我们开始承认自己的要求就是无法实现的时候，承认自己就是无法操控别人的时候，人就可能抑郁了。不过不要担心，这也是一个人去中心化的过程，他们能意识到：我不再是这个世界的中心，我只是他人眼中很平凡的那一个。我不值得他为我做出那么大的牺牲。

当需求走到抑郁期，其实人就不愤怒了。这时候愤怒就会转化为委屈、难过等情绪。

第三阶段：责任期

当人意识到自己的需求无法被满足的时候，开始抑郁和难过，同时也有了思考的可能。

哀悼的过程，也是理性恢复的过程。当人的理性恢复后，就会发现希望别人改变，只是自己的需求。无论你如何理所当然地要求他人改变，你的需求始终只能自己负责，无关于谁对谁错。

你的钱被偷了，偷你钱的人也被抓了，但是他花完了钱没

理解愤怒

法还你，只能去坐牢。这不是你的错，但是结果还得由你来承担。比起对错，此刻，更重要的，是我还能做些什么来让自己好受一点。

为自己的需求负责的方法有很多，包括：

· 思考我为什么会有这样的期待，我内在发生了什么？

当我看到自己为什么对这样一个期待执着的时候，我就可以从原因里找答案。比如说，有些人对父母的认可很执着，其实他们自己有个逻辑："如果父母认可我，我就不会自我价值感这么低了。"其实，当他们能够学会自我认可的时候，就不会再对父母的认可那么执着了。

· 使用有效手段，让他改变，实现我的期待，让我舒服。

如果我指责、控制、威胁，可以让他满足我，我就使用这些手段。如果讨好、讲道理、哄他，可以让他改变，我就使用这些手段。如果换人可以让我舒服，我就去换个对象。

· 降低部分期待。

处理对他人期待的方式，并不是要完全放弃自己的期待，而是要在对方能够接受的范围内对他有所期待。如果你对他没有任何期待，你们之间的关系也就不需要存在了；如果你的期待过高，你们之间也会充满矛盾。所以，放弃一部分期待，把期待调整到合理的范围内，对得不到的部分进行哀悼，也是一个对自己的期待负责的方法。

这就是爱自己的过程。 当人能够为自己的期待负责的时候，他就拿回了责任，也拿回了力量，同时真正进入了责任期。这才代表着一个人走向了成熟。

当人在愤怒的时候，大多数人会停留在偏执期，然后压抑，下次又继续偏执。时间久了，就会慢慢绝望，进入抑郁期，放弃对对方的期望。但是，较少有人能继续往前走，进入责任期。

处理愤怒，你可以从处理这个问题着手：你准备从什么时候开始为自己的期待负责？

/ 一个叫不醒的人 /

愤怒是因为期待停留在了偏执阶段。偏执其实是有好处的，即可以保持幻想、保持希望。愤怒是一种否定的防御机制。比如，对很多人来说，当他们的所爱之人突然去世，他们会很难接受这个事实，潜意识为了保护他们就会帮他们去否认这个事实。他们会保留着逝者的房间，假装逝者并没有离开；他们会拼命摇晃逝者的身体，要求他醒过来；他们会拒绝逝者被抬走，紧紧抱着逝者，仿佛他还活着。也许在别人看来，这样的行为是没必要的、不正常的，但对于当事人来说，这样的一种否认，会让他们内心好受一点。

愤怒就是如此。我们已经改变不了事实，对方也已经无力改变了。可是我们不愿意接受事实，便要在幻想里保持"其实他是愿意改变的，他是能够改变的"的想法。所以我们用愤怒一次次摇晃着对方的身体，跟他说："你倒是醒过来啊！你倒是

理解愤怒

改变啊!"

这个过程就是愤怒的人进入了偏执期。

失去亲人的人,一段时间后,开始接受这个事实。他们开始哭泣,开始哀悼,他们渐渐意识到,我失去他了,永远地失去了,改变不了了。然后就进入了抑郁期。愤怒中的人也是如此,当他们一旦开始意识到无论自己怎么愤怒,怎么认为被满足是理所当然,都无法改变对方的时候,他就开始接纳这个事实,进入哀悼期。

失去亲人的人,再过一段时间,会不定期地去墓碑前看望故人,跟故人说说话。此后,他渐渐开始了新的生活,开始了一段新的人生。这就进入了责任期。愤怒中的人也是如此,当不再执着对方就是应该为自己改变的时候,他也就开始选择了新的方法或新的人,对他来说,就是一个新的开始。

但是,很多人穷其一生,都不愿意去相信:我们轻易改变不了他人。

而幻想破灭,正是放下的开始。

思考与表达

写下你的一次愤怒经历。是对谁产生的愤怒？发生了什么？或者直接使用前面的愤怒案例。

试着找出：

1. 在这次愤怒中，你的期待是什么？
2. 当时你是怎么处理这个期待的？
3. 有哪些证据可以证明，当时他实现不了你的期待？
4. 如果再来一次，你想怎么处理自己的这个期待呢？

04

自我要求：
因为我不能这么做，
所以你也不能这么做

愤怒是因为太累了：
解决愤怒，就是解决自己的累

/ 愤怒的公式 /

一位妈妈这样说："我和孩子相处有很大的问题，早上叫他起床，他明明醒了，却躺在床上不动，明明起来了，又躺在沙发上不动。我理解他刚醒时会有一点迷糊，但是总是拖拖拉拉，总是快要迟到了才行动迅速。而一旦要迟到了他要么不吃早餐，要么就不想去学校了。这让我特别愤怒。"

其实想要解决这个问题，最好的办法就是对孩子保持耐心。小孩子的自我管理能力本来就不如大人，他们需要抚育者耐心地教导、沟通、示范、鼓励、陪伴并邀请他们一次次地去做，直到内化为他自己的一部分，而后自然就有时间观念了。

实际上，耐心也是解决一切愤怒的有效法宝。只要你有足够的耐心，就没有找不到的方法、没有解决不了的愤怒。然而你会发现，耐心这个词听着美好，但是做起来却无比艰难。

人的内在，就像是一个装着能量的容器，里面充满了耐心。这个容器在人的不同状态下有时充盈有时匮乏。能量越是充足，人对外在刺激的承受力就越大；能量越是匮乏，人对外在刺激的承受力就越小。我有一个公式，可以表达愤怒：

愤怒 = 外在刺激压力 - 内在承受力

当外在刺激的压力超过此刻你的承受力的时候，你就会崩溃，想愤怒；当此刻你的承受力足以应付外在刺激的压力的时候，你处理事情就会变得游刃有余。

/ 愤怒是爆发的最后的努力 /

愤怒是一个信号，它在告诉你："请注意！请注意！您所剩余的能量已经不多了，不足以应对当前任务，您需要及时充值或停止任务，释放更多空间！"也就是说，你需要采取一些措施，保护自己。

愤怒也在发挥着第二个功能：集中突破。愤怒是一种集中的、高爆发的能量。一个人在愤怒的时候，会把全身心的能量集中在一起去处理令其愤怒的那件事。所以你会发现，一个人在愤怒的时候，专注度是特别高的。比如，奥特曼在与怪兽搏斗的时候就是这样，不等到胸前的警示灯闪闪发光，他是不会放绝招的。愤怒就是一个人最后的绝招，它在说：

我快受不了了！

我的能量快要被你榨干了！

理 解 愤 怒

求求你，赶紧配合一下，结束这件事吧！
别再折磨我了！

当你回家看到孩子正在玩游戏的时候，如果你还有能量，你就会耐心地陪他，用温和的方式改变他。但如果你所剩的能量不多，就会对他吼一顿，这是当时你能做到的快速让他学习的最佳方式了。当老板让你加班，如果你还有能量，你会觉得加会儿班也没什么，但当你的能量所剩不多，你就特别想对老板发个火，好让你赶紧下班。虽然通常出于对后果的考虑，理智上你不会这么做。

愤怒就像是发烧一样。发烧有两个功能，第一是信号功能。发烧是在提醒你：你的身体免疫系统告急了。第二是保护功能。发烧是在启动集中处理问题的方式，帮你处理细菌和病毒。因此发烧虽然看起来让人难受，实际上却是在保护你。其实愤怒也是在保护你：让本已匮乏的你，免于进一步被透支。

所以当你体验到愤怒的时候，先别去责怪自己为什么要愤怒，或者先别去纠缠对方为什么做错了。你可以先问问自己："我怎么了？发生了什么，才让我此刻无法承受这件事带来的压力？"

/ 能量匮乏的第一个原因 /

消耗你能量的第一个原因是：消耗你的事情实在是太多了。就像是一台电脑一样，如果你打开的程序太多，那内存就不够用了。

你会发现，生活中每天都有很多事在消耗着你的能量：顾家、养孩子、赚钱、工作、学习、社交、陪老人、交友、吃饭、睡觉、为梦想奋斗……对很多人来说，每天的生活被填得很满，活着都是一件很疲惫的事了，这时候再来一件，也许就会崩溃了。所以，上进心越强的人，越容易对自己愤怒。因为他要求自己做的事，实在是太多了。这时候一个小挫败，就可以击垮他。越是爱操心的人，也越容易对别人愤怒，因为他要顾及的事情太多，根本就顾不过来。这时候如果再发现孩子把玩具扔了一地，他瞬间就会愤怒了。

传说中有一头驴子，它背了很多粮食。驴子想："没办法，自己的任务只能自己扛。"它大概上辈子欠了主人或欠了粮食什么吧，因此要为主人或粮食付出很多。总之，这头驴的付出，已经到了极限。然而不幸的是，这时候天上有根没长眼睛的稻草，掉在了驴子的背上，把它压垮了。驴子就对稻草愤怒了："你没长眼睛吗？你都快要把我给压死了！"这头驴子，就成功地把这几天扛着重重粮食的无奈、委屈，发泄给了这根稻草。

那么，到底是这根稻草，还是粮食快要把驴子压死了？

你要知道，其实对面这个刺激你的人，只是一根导火索。让你愤怒的事情，永远都是解决不完的，你不可能做一头永远在阻止稻草不要落在自己身上的驴子。如果你不去寻找让你感觉累的真正原因，你还是时刻行走在易爆的边缘。不是这个人刺激你，就是那件事刺激你。你的内在如果如此的虚弱，你就很容易被刺激到瞬间愤怒。

愤怒是在对你说："你最近太累了，累到承受不起更多的刺激了。"所以当你愤怒的时候，先不要着急指责对方怎么错了，也不要着急自责自己怎么如此控制不住情绪。而是先要回到自己的内在，关怀一下自己："我最近是不是太累了，是不是很久都没有体验过轻松快乐了？"

通过向内关怀自己，你就会发现身体里其实存在着一个一直很辛苦的自己。而解决愤怒，其实就是解决自己的辛苦啊。

/ 能量匮乏的第二个原因 /

消耗你能量的第二个原因就是：当下这个刺激使你背负的压力实在是太大了。如果你去挑战自己能力之外的任务，那么你体验到挫败就是必然的。

一位同学说："我对妈妈很愤怒。原因是妈妈对我很不公平。我坐月子的时候，妈妈过来帮我带孩子，说了一些她本来不应该过来的话。但是她帮弟弟带孩子的时候却觉得理所应当。"我就问她："你的希望是怎样的呢？"她说，她希望妈妈公平。

但是，去改变妈妈的价值观，是何等艰辛。去处理这样一个任务，再多的能量也是经不住消耗的。还有那些想在短时间内改变孩子生活习惯的妈妈，以及想在短时间内提升自己能力的人，这些期待实现起来实在是太难了。即使其他什么事都不做，专注于处理这一件事，都不一定能处理好，何况你只是分出一部分能量来处理。

你越是在意一件事，就越是想把这件事处理好，那么你所需要消耗的能量就越多。

比如说，客人打碎了杯子，而你能很客气地说："没事的，不要紧。"但如果是孩子打碎了你就会很生气。因为客人打碎杯子，你可能只给他贴上一个"他这是不小心的行为"的标签，就把这件事变成了小事，你并不在意，处理起来不需要消耗多少能量，也就不会愤怒。而孩子打碎了杯子，你可能就会上升到认为"他就是个毛手毛脚的人"，这样，事情就变大了。你产生了想改变他性格的冲动，你的能量就瞬间被消耗殆尽了，刹那间，你可能就会进入愤怒状态。

就像是电脑的内存本来还剩60%，但你开了一款大型游戏，内存马上就会不足。

愤怒在说："这件事情，我处理起来非常辛苦。"当你愤怒的时候，你可以问问自己："它真的那么重要吗？值得我这么辛苦地去处理吗？如果值得的话，我可否重视它，多调配一些精力过来？如果不值得，我可否放弃一些，不那么在意结果呢？"

人生可悲的事之一，就是当下这件事明明对你很重要，你却不愿意多花精力给它。更可悲的是，你花了很多精力在这件事情上，却不知道它为什么那么重要。

/ 能量匮乏的第三个原因 /

消耗你能量的第三个原因就是：你只消耗，不补充。或者过多消耗，较少补充。一个人的内在能量，并不是固定不变的。它就像是池塘里的水，有流进，有流出，以此保证是活水。

一个人每天要处理很多事情，其中，有些是补充能量的，你每做一点，就会觉得更神清气爽一点；有的则是透支你能量的，你每做一点，就会让你觉得更疲惫一点。前者做多了，你会觉得整个人的生命力越来越充盈，人越来越幸福；后者做多了，你会觉得整个人越来越虚弱，越来越想逃避。

你会发现，面对同样一件事，人在不同时候体验到的情绪是不一样的。

比如说，当你回家发现孩子在玩游戏，你会生气吗？是每次发现都很生气吗？假如你今天刚发了奖金心情大好，你会发现回家后你愤怒的概率就会比较低；但如果你在单位被上司批评后回家，你愤怒的概率就比较高了。因为发奖金是件补充能量的事，这让你回家后有更多能量去应对孩子玩游戏这件事；而在单位被批评，则是一件消耗你能量的事。

再举个例子，如果是老公躺在沙发上打游戏，你会生气吗？这取决于当时你在干什么了。如果你正沉浸在韩剧中无法自拔，这时候你对他的宽容度就会很高；但如果你正在为家庭大业操心，在做家务或在加班工作，你看到他打游戏就很容易愤怒了。因为看韩剧是在补充你的能量，而做家务则是在消耗你的能量。

所以当你愤怒时，你可以给自己一点关怀，问问自己："我最近有没有做过什么事情，来补充自己的能量？还是一味地只是在透支自己？"

/ 自我关怀 /

当你愤怒的时候，其实是最需要自我关怀的时候。从愤怒中，你可以问问自己：

"最近是不是消耗我的事太多，让我太累了？"
"我要做的这件事是不是太难了，超出了我的能力？"
"我是不是没有及时犒劳自己，给自己补充能量？"

找到这几个问题的答案后，你就可以安抚自己，而非对别人发怒了。然后你可以做一个决定，想想怎么爱自己。

有次我坐火车，对邻座的小孩特别愤怒，觉得他特别打扰我。后来我想了想，大家都在车上，为什么我的情绪会这么大？我又观察了一下，其实是因为我写稿写得绞尽脑汁，而别人却都在轻松地聊天、追剧。可我也不是每次写稿都在意周围有什么声音，很多时候我会享受在嘈杂环境中潜心创作的感觉。只有一种情况下我会烦躁、愤怒，那就是正在写的这个话题对我来说太难了，我不擅长，写不下去了。

虽然这篇稿对我来说很重要，但是没办法，我已经尽力了。我的大脑已经饱和了，生产不动了。所以我就做了决定：不再写了，玩会儿游戏吧。当我打开游戏，挂上耳机，我还是能听到那个小孩在玩闹，但却不会影响到我了，我也不会再对他愤怒了。

理 解 愤 怒

你也可以问问自己："已经这么辛苦了，我想怎么安抚自己呢？"

安抚自己，就是解决愤怒最好的方法。

/ 与别人连接 /

当然，如果你看到一个人在愤怒，而你是爱他的，你可以去安抚他，去关心他，了解发生了什么。除了当下你惹他生气以外，他还经历着哪些挫败，还有哪些事情在消耗他。

去关心一个人内在的虚弱，就是非常大的爱。当一个人对你愤怒的时候，正是最好"乘虚而入"的时机。反过来你可以感受一下：如果此刻你对一个人愤怒，他却来安抚你、心疼你、关心你的虚弱，你会有什么感觉呢？

这是很让人感动、能很快建立亲密关系的方式。

当然，如果你跟他有矛盾，就是想刺激他，那当他愤怒的时候，你就知道此刻已经是他崩溃的边缘了。他已经无法再承受更多的消耗了。这时候，你就想想怎么能更刺激他，怎么更消耗他就可以了。

思考与表达

写下你的一次愤怒经历。是对谁产生的愤怒？发生了什么？或者直接使用前面的愤怒案例。

1. 除了当下这件事，还有什么别的事在消耗你？你怎么看待这样的自己？
2. 当下你要处理的这件事，难度如何？你怎么看待自己要去处理这样难度的事？
3. 最近一次让你补充能量的，是哪件事？你怎么看待这样的自己？
4. 此刻你可以做哪些事来恢复自己的能量？
5. 在你的心里对让你愤怒的人说：

    你做 ＿＿＿＿ 给了我很多消耗！

    我太累了！所以你要配合我，不要再做 ＿＿＿＿，不要再给我更多的刺激了！

    我太累了！所以你赶快配合一下我，赶紧让 ＿＿＿＿ 这件事结束吧！

    体验一下，当你这么表达的时候，你有什么感受、想法和决定？

自我要求：
我怎么要求你，就在怎么要求自己

/ 我对自己的要求就是认真 /

愤怒是对别人的要求。我们在愤怒的时候之所以要求别人，是因为我们也是这么要求自己的。

一位同学说："我让老公去收衣服，他真的就只收衣服，袜子挂在那里当没看见，我好生气。我就对他说：'你说你这么不认真，我还能指望你干点什么，你能顶什么用！'"这位愤怒的同学给老公贴了一个"做事不认真"的标签，而她的愤怒就是在说："我对你的要求，是做事情必须要认真！"

这听起来好像没什么问题，的确是这么回事。但我们先不要着急站位，不要轻易认同这位同学的角度。让我们尝试站在老公的位置上看一看，他也会认同自己不认真吗？

从老公的角度出发，他可能会觉得自己的妻子太较真。所以，到底是这位老公太不认真，还是这位妻子太过于认真呢？

从各自的视角出发看对方，就会看到不同的答案。矛盾是因为差异，要解决这个矛盾，有两个方案可选：

・老公向妻子学习如何认真，收衣服的时候顺便收袜子，他们就没有矛盾了。

・妻子向老公学习如何凑合，袜子没收就没收吧，他们之间也就没有矛盾了。

对于这位同学来说，她直接采用了第一个策略，希望老公按照自己的标准去做事，自动忽视了第二个策略。即使这位同学想到了策略二，对她来说，可能也做不到。为什么会这样呢？因为在她的世界里，向老公学习"不认真"，是完全不可能的。她内心深处还有一个想法："我对自己的要求，是做事情必须要认真！"

这就是她给自己设定的一个局限。我们可以想象，这位同学在收袜子问题上都这么认真，那她在生活其他问题上也会非常认真。对她来说，可能从来就没有体验过"不认真"，也不想去体验。那么，她也会对老公有这样的要求："你也必须跟我一样，做事情一定要认真！"

/ 我对自己的要求就是不能笨 /

一位妈妈说："辅导孩子写作业，明明知道自己不该发火，可教了好几遍他还是不会的时候，瞬间火气就上来了，就对孩子吼，之后又懊恼自己伤害了孩子。"这位妈妈之所以对孩子愤怒，是因为她给孩子贴了一个"笨"的标签，认为孩子怎么教都教不会。这位妈妈的这种愤怒是在说："我对你的要求就是，

理解愤怒

你不能笨！"

妈妈辅导孩子作业，孩子学不会，是什么原因导致的？除了从客观上来说题目很难之外，从人的主观角度来说，有两个原因：

- 孩子太笨，怎么学都学不会。
- 妈妈太笨，怎么教都教不会。

这时候，妈妈为什么只表达第一个原因？为什么对于第二个原因，只字不提呢？是因为妈妈不想承认自己笨啊。因此，她内心深处其实是这样认为的："我对自己的要求是，我不能表现出笨的一面！"

这就是她给自己设定的一个局限。但是，孩子作业完成不了的结果又需要一个人来承担，那么谁来承担呢？妈妈不想承担，那就只能由孩子承担。当两个人一起做错某件事，有一方不想承担责任，怎么办？那就只能全部推给对方啊。

假如这位妈妈能够允许自己笨，会怎样？她就能够大大方方地说："哎呀，我太笨了，实在教不会你。"那么这时候，就算孩子还是学不会，妈妈也不会那么生气了。这就是为什么高中生的作业写不好，通常妈妈们不那么生气，但小学生的作业写不好，妈妈们就会生气的原因。

所以，一个人怎么要求别人，他同时也在如此要求着自己。

/ 要求不等于做到 /

要求是一个内在的过程。有些人觉得:"他这么要求我,但我没见他这么要求自己啊。他对我这么严格,对自己却那么随意。他总是要求我去洗碗刷锅,他为什么自己不去做呢,他明显是在双标啊。"

双标只是一种表面现象。背后可能有两个原因:第一,要求的是标签,而非事实。

一个人要求你洗碗刷锅,自己却从来不做的时候,他对你愤怒的标签,可能是"做好该做的事",那么他对自己的要求可能不是在洗碗刷锅上,而是在他自己认为应该做好的事情上。

如果一个男人对一个女人的要求是"女人应该贤惠",那对应的,他对自己的要求就可能会是"男人应该养家"。在这个男人的世界里,"贤惠"和"养家"有一个共同的标签,就是"演好自己的角色"。

第二,混淆了要求和做到。如果一个人游手好闲,什么事都不干,却嫌弃你很不上进,那么他在家什么都不干很有可能只是个表象,但这并不影响他内在有巨大的焦虑和对自己的嫌弃,他会觉得自己也应该上进忙碌。当他看到对方也是一事无成的样子,他反而会脾气更大,因为他内在有很强的挫败感,他一直要求自己"事业有成"却做不到,这就激活了他内心深处的挫败感,从而让他很愤怒。

理 解 愤 怒

你只看一个人的外在，是看不到他对自己的要求的。你只有去深入地了解他，才能感觉到他内在对自己有哪些要求。

/ 先处理对自己的要求 /

当你对别人愤怒的时候，你希望他跟你一样，产生同样的自我要求，这是一种没有界限的行为。有些人说愤怒本身是在维护界限，其实愤怒本身更是在破坏界限。你是维护了自己的界限，但同时侵犯了他人的界限。

当你愤怒的时候，你可以要求某个人在当时满足你的要求，但你无法让所有人在任何时刻都满足你的要求。终有一天，你要学会，跟自己的要求与现实相处。而更重要的一步，则是回到自身，先处理对自己的要求。

愤怒是一个机会，顺着你对别人的要求，可以发现你在日常生活中，对自己有哪些要求。当你学会处理自我要求的时候，你自然就学会了如何处理别人的要求。

所以，愤怒的时候先问问自己：

> 我对他的要求是什么？
> 我是不是在用对自己的要求去要求对方？
> 我在苛求他人的时候，是否也如此苛求过自己？

学会处理对自己的要求的过程，就是自我关怀的过程。

/我允许自己排挤你/

一位同学说:"我给父母买了礼物,本来是用来孝敬他们的,嫂子却对我说:'你怎么又花钱,让你破费了……'这虽然表面上是客气和感激,可我越想越觉得不对。我孝敬父母,跟你有什么关系?这让我觉得,他们是一个把我排除在外的共同体。我觉得我被嫂子排挤了,这让我很愤怒。"

这位同学对嫂子行为贴的标签是"排挤我"。那么,要解决这种愤怒其实很简单,我就跟这位同学说:"假如这是真的,嫂子在跟你'抢父母',把你排挤在外,你也可以去拉拢父母,排挤她呀。你可以做很多事让父母与你更亲近,让嫂子跟父母稍微远一点。你是亲生的女儿,而嫂子是外来的媳妇,其实你是先占了一步优势的。如果在你家儿子更受重视,那嫂子也占了一步优势,这样你俩就扯平了,公平竞争。"

其实,如果这位同学能排挤得过嫂子,她就不会愤怒了。而她之所以会愤怒,是因为她做不出这样的事情。她的内心深处对自己有这样一个要求:我是不能排挤别人的。于是她把这个要求,也转移给了嫂子。她希望嫂子跟她一样,也不能做排挤别人的事。

可是嫂子跟她不是一样的人,嫂子无法实现她的要求。

这时候你就要学会关怀自己。问问自己:"我为什么一定要去要求自己不能排挤别人呢?是谁规定了我不能排挤别人?我可

理解愤怒

以允许自己不去执行这个要求，允许自己做一次坏人吗？"

访谈后，我发现，这位同学之所以要求自己不去排挤嫂子，是想照顾嫂子的感受。她从小就在重男轻女的家庭里生活，饱受排挤。她不想再让嫂子体验这种感觉，于是她要求自己照顾嫂子的感受。想明白这一点后，她就做了一个决定："你不照顾我的感受，我也不必要求自己照顾你的感受了。我决定，我先照顾自己的感受。怎么照顾呢？就先从允许自己排挤你开始吧。"

/ 别人对你愤怒，
是因为他在用自我要求去要求你 /

愤怒是一个机会。透过你对他人的强迫，你也可以看到平时自己是怎么强迫自己的。这时候你可以思考：为什么要对自己这么狠？思考过这个问题，你就能学会如何心疼自己。

同时，当别人对你愤怒的时候，你就可以知道，他其实也很可怜：他此刻对你提了一个要求，让你觉得很不爽，你也只是不爽了一时。他之所以对你提要求，是因为他也是如此要求自己的，而且，他对自己的要求，时间会更长，高度也更高。只不过，他早已习惯了对自己如此苛刻，而你还不习惯而已。

易怒的人，对自己那么苛刻，挺不容易的。这时候，你可以心疼他，邀请他发现他对自己的强迫。当然，你也可以去"欺负"他，这样告诉他："你自己要求自己吧，反正我不这样做。"

思考与表达

1. 写下你的一次愤怒经历。根据你的标签，写出对对方的要求：

   我对你的要求是：你应该 ____。

   把这句话替换成：

   我对自己的要求是：我应该 ____。

2. 找出三个证据，证明你是如何要求自己践行这个理念的。

3. 把这句话转变成对他人的要求，生成这样的句子，并大声朗读，体验一下你的感受：

   我对自己的要求就是 ____。

   你也应该跟我一样，对自己的要求是 ____。

4. 你想如何处理自己的这个要求从而安抚自己呢？

自我要求高的
四个特点

/ 自我强迫：我不喜欢做，但我还得做 /

一个人对自己有要求，本身是件好事。俗话说，水往低处流，人往高处走。追求更好的，是一个人向上的动力。每个人都希望自己做更多的事，产出更大的价值，成为更优秀的人。所以每个人都希望自己尽可能多努力、多创造、多干活、多产出，这是人的本能。

在生活中，我们也会喜欢那些对自己有要求的人。这样的人看起来对生活充满信心和追求。但是有一个隐藏的问题，却经常被人忽略：你真的能自如地控制你对自己的要求吗？你真的能够想要求就要求，想不要求就不要求，想怎么要求就怎么要求吗？还是你的要求经常在控制你呢？无论你是否愿意，无论你是否舒服，你都要按照你的要求做。

我在电视剧中经常看到这样的情节，人们喜欢练一些奇怪的法术。一开始的时候，人们驾驭这些法术，这让他们更加强大。但随着人对这些法术逐渐痴迷，法术就会反过来控制他们，这些人这时候就会变成被法术奴役的人，"走火入魔"。

很多时候,人一开始是享受自我要求的,但是到了一定程度,人就开始耗竭了。这时候如果你还不放弃,就会被要求所控制。你在强迫自己实现要求的时候,要求也在强迫着你。

也就是说:我的身体和感受告诉我,我已经不想做了,我不舒服,我排斥它,我很累,我想放弃,我想去做别的。但是我的大脑却告诉我:不,无论多苦多累多委屈多折磨,你都必须去做!你要忍耐,坚持一下,再坚持一下!

比如说,"不给别人添麻烦"很多时候都是一种优良的品质。遇到事情,能自己做的时候,你都会自己解决。但其实不是所有时候你都是舒服的,当你不想给别人添麻烦却又让自己不舒服的时候,你就是在自我强迫了。

比如说,你发烧了需要去医院,你内心觉得很失落很孤单,你很想找个人陪你一起去。可是你想到亲友都很忙,约他们陪自己去医院,是会给别人添麻烦的,于是你就独自去了医院。在这个过程中,你就是在强迫自己不给别人添麻烦。

再举个例子,追求上进是一种优秀的品质。你会主动去找活干,做更多的事,创造更多的价值。但你却不是所有时候都想、都能上进的。有时候你会体验到挫败,有时候你想放弃,有时候你会忍不住去玩游戏、睡大觉,每当这时候你觉得自己是在浪费时间,体验到很强的罪恶感,你不能忍受自己去娱乐,那就是在自我强迫了。

自我强迫,就是"我不想,但我必须"。哪里有压迫,哪里就有反抗,你的大脑要求你必须去做,你的身体就会以反应迟

理解愤怒

钝、拖延、效率低下等方式来消极抵抗，让你感觉到自己更糟糕，变得更想强迫自己。

我违背我身体的旨意，强迫它去做不喜欢的事，就是自我要求高的第一个特点。

/ 自我局限：我只能这么做，不能做别的 /

自我强迫会让自己持续内耗，结果就是越来越心累。总有人说："这是应该的啊。"是的，这的确是应该的，我同意你。但应不应该是大脑的事，身体可不管，身体只管它累不累。也有很多人认为："这些我都能做到啊。"是的，很多时候你能做到。照顾别人的感受、上进、善良、对孩子负责任，这些事多数时候你做起来都轻而易举，个别几件努力一下也是可以做到的。做一次可能不会累，但是持续做就必然会累了。

一个人对自己的要求，分为情境性要求和方向性要求。

情境性要求：你对自己的要求是属于某个具体情境的。它的特点是：你的要求有一个明确的截止时间点，你知道什么时候可以停止。

比如说，你要送孩子去上学、你要做一顿饭、你要完成一个工作任务、你要赚到100万。这些都是属于某个具体情境中的要求，可能这些事你驾驭起来并不轻松，但它们起码是有终点的，你知道强迫自己在一段时间内完成，就可以休息了。而且每当你做了一点，就会离你的目标更近一点，就会更有希望。

方向性要求：你只能往那个方向走，一直往前，没有终点。就算无法完成，也不能倒退。

比如说，你对自己的要求是保持自律、上进、善良、负责任等。这些要求，是方向性的要求，没有终点。你绝不能在任何时候表现出放纵、堕落、自私、不负责任，一旦有，你就会开始责备自己，要求自己立刻调整。你会一直奔跑在这条没有尽头的路上。

当你去问一个人"你什么时候可以不再追求上进了？什么时候可以不再这么为别人考虑了？"的时候，你会发现，他是无法回答的。因为在他的答案里，大概是一辈子都要这样吧，想想就很累。

对于方向性的要求，人在某个情境里是可以实现的。但路遥无轻物，情境复杂多变，你总会遇到很多驾驭不了的情况。

方向性的要求，就是对人生的一种局限，是一种只能 A 不能 –A 的局限，这是一个人在自我要求中累垮自己的第二个特点。

/ 完美要求：我要做到绝对的最快最好 /

这种自我要求，是异常艰辛的。当一个人自我要求的时候，他的潜意识是这样想的：

> 必须要立刻、马上改正。
> 必须要改正到 100 分。

如果你对"父母不顾及你的感受"而愤怒，那是因为你在

理 解 愤 怒

要求自己顾及父母的感受。当你让父母不开心的时候，你就会自责。当你自责的时候，你会做什么呢？你就会尽可能地去顺从他们，让他们开心。假如，你尽可能地顺从了他们，他们只是稍微开心了一点，并没有很开心，这时候的你会对自己满意吗？你会就此停手不管他们了吗？

你潜意识里的目标，其实是要做到"直到他们对你表达满意"，才能坦然放下这件事。所以从程度上来说，你对自己的要求就是 100 分。

做到 100 分也不是问题，关键是你愿意给自己时间慢慢来吗？这次你让父母不满意，你可以下次让他们满意啊，下次再不满意，你可以下下次让他们满意啊。只要时间足够久，你慢慢做，总有一天，你会让他们满意的。

人在自我要求的时候，内心会有种焦急感，这种焦急感让你一秒都不想等，最好是能给你一粒仙丹，吞下去就能让你马上改变。现实是，这两个方向的内在目标，你一个都做不到，所以你就会体验到更挫败的感觉。

因此你来体会一下，经过以下这三个过程，你的内在会有什么样的感受：

- 我一个地方没做好，就给自己贴一个标签，觉得自己很糟糕。
- 我想要做到 100 分，完全改变自己。
- 我想要马上、立刻改变。

你的潜意识根本处理不了这么大的工作量。你只能更加内耗，更加挫败，更加自责，更加崩溃。你的承受力会变得更低，也就更容易通过愤怒，将这种挫败感转移出去。不然在这种完美的目标下，你会感到很累。

追求完美，是一个人在自我要求中累垮自己的第三个特点。

/ 我不能违反规则 /

自我强迫就是你的大脑在强迫你的身体做它不愿意做的事。那你的大脑又是谁在控制呢？是你自己吗？其实并不是。控制你大脑的，是你内心深处的规则。其实当你在使用你的规则要求别人的时候，你也正在被那些规则所奴役着。

你认为：

人一定要照顾别人的感受，不能自私。

人一定要努力过上好的生活，不能平庸。

人一定要做个好妈妈、好爸爸、好妻子、好丈夫，不能任性。

人在关系里一定要以和谐为重，不能随便起冲突。

人做事情一定要有始有终，不能半途而废。

人做事情一定要果断，不能拖延。

人活着一定要每天上进，不能向下。

……

"人一定要……"的规则，就像是人间真理一样，在你的内心深处，神圣不可侵犯；也更像是一种信仰，信仰了这个规则，就成了它的门徒。其实你不是在自我要求，你只是在对门规忠诚。

身边有很多人跟我说，他是无神论者，没有信仰。我就会说"不，你有"。信仰的不一定是宗教，不一定是某个具体拟人化的绝对力量。你内心深处的规则，就是你的信仰。你可以为了它牺牲你的个人情感，甚至可以为它付出一切。

有些人为了上进，能工作到猝死，已经到了牺牲生命的程度，足以见得信仰力量之强大。

当一个妈妈是"负责任"的"门徒"时，妈妈的"门规"就是：做妈妈就应该无论何时、无论何地都负起责任。为了履行这个门规，她不惜牺牲自己跳广场舞的时间，牺牲陪孩子玩的时间，也不惜以与孩子发生冲突、破坏跟孩子的感情为代价，来完成自己对"责任感"的使命。

一位同学说："每次领导要跟我沟通工作的时候，他的眼睛一直盯着电脑，我就感到不被尊重，特别愤怒。"可以看出这位同学对她领导的要求就是：要尊重我。同时，她对自己的要求也是：要尊重领导。因此，你的要求是大家都要遵守"人一定要尊重别人"的门规。

你对别人愤怒，实际上是你想要求对方跟你一样，都做遵守这个规则的门徒。

"我绝对不能违反规则，哪怕牺牲生命。"这就是自我要求中第四个累垮自己的特点。

思考与表达

写下你的一次愤怒经历。是对谁产生的愤怒？发生了什么？或者直接使用前面的愤怒案例。

1. 找出这次愤怒中，你对他人使用的标签和规则。
2. 根据这个规则，生成以下句子，并大声朗读，体验一下你会有什么样的感觉：

    我对自己的要求就是：必须要____，我只能____。

    我发誓，我一生忠诚的规则是____。

    无论我多累，无论我多不情愿，我都将遵守这个规则！

    你作为我的____（角色），你也必须遵守这个规则！

    你必须跟我一样，拜在____（标签）的门下！一有违规，立即接受惩罚！

3. 对于这个要求，你是怎么实践的？有哪些时候，其实你是不想做的？那时候，你是怎么强迫自己的？
4. 当你写完这些，你想怎么对待自己呢？

降低对自己的要求：
60分的自己，就是足够好的自己

/ 从允许自己有一次做不到开始 /

有一位同学说："我的孩子很黏我，我想出去的时候他就开始哭闹阻止我出去，我很抓狂，我觉得自己很不被理解，也非常不自由。"这位同学之所以愤怒是因为她给孩子贴上了一个"太任性"的标签。

我就跟她讲："你把他甩一边，自己坚持出去不就好了。难道你孩子的力气比你还大吗？还能拦得住你？"她说："那我也太任性了吧！"所以我们会发现，她对自己的要求就是：不能太任性。

我继续问她："你允许过自己任性吗？"

她会告诉我，她经常任性。我就又问她："那你在任性的时候是什么感觉呢？"她回答："特别自责。"所以，她的内心其实从来没有放过自己，没有允许过自己任性。她对自己的要求就是："我在任何时候、任何事情上都不能任性。"

我们判断一个人是否允许自己做某件事，并不是去看他的行为做到了或者没做到，而是他的内心是否能够允许自己去做。即使他做了，但是他的内心却一直在挣扎，那么，他就是从来没有允许过自己。

这位同学需要做的，应该是降低对自己的要求，从不再要求自己做到 100 分开始。哪怕孩子闹了 10 次，你忍了 9 次，有 1 次没有再为他妥协，就表示你已经开始降低自我要求了。

放过你自己，其实就是从允许自己有一次做不到自己的要求开始的。

/ 黄金放弃比例 /

实际上，允许自己每做 10 次就可以放纵 1 次，依然非常苛刻。

在数学中，如果我们把一条线段分割为两部分，较短部分与较长部分的长度之比，等于较长部分与整体长度之比，这时会得到一个数值，这个数值，叫作黄金分割点，而这个比例，叫作黄金比例。黄金比例在建筑、设计、音乐、美术以及生活中，都有着相当广泛的运用，因为基于这个比例做出的设计，非常和谐，也非常舒服。

这个比值是一个无理数，取小数点后前三位就是 0.618，约等于 60%。再常见不过的一个数字了，从小我们就很熟悉，因为它是及格的比例。

不知道是不是被数学启发，英国心理学家唐纳德·温尼科特，创造了一个类似的词。这个词叫作"60 分的母亲"。温尼科特认为：60 分的母亲，就是足够好的母亲。不要试图做到 100

分，100 分不是完美，而是伤害。

因为 100 分的母亲，剥夺了孩子的成长空间。当妈妈做到 40 分是"坏妈妈"的时候，孩子恰好学会了独立，学会了如何与他人相处，如何适应他人、适应这个社会。如果妈妈给予的爱过多，那是在剥夺孩子的独立性；如果妈妈给的爱太少，则是让孩子面对过大的困难，就会形成创伤。这 40 分的不爱，又叫作"恰到好处的挫折"。

其实扩展到生活的方方面面，0.618∶1 都是让生活美好的一个比例。

比如说任性，最黄金的任性比例应该是：你可以 38.2% 的任性加 61.8% 的不任性，这才是一个可持续的、符合人情的处事法则。比如说责任，不必要求自己什么时候都要负责任，也不必要求自己什么事情都负责任，你只需要在 61.8% 的事情上负责任，在 38.2% 的事情上尽力负责任，那么你就已经是一个非常好的人了。

/ 可以放弃的两个时候 /

当然，上一小节的内容听起来就像机器一样在计算着，有些可怕。如果真的较起真来反而让人不知道该怎么办了：这 61.8% 应该怎么评估？怎么核算？怎么控制？谁来决定？谁来检查？你去称体重有可量化的标准，但是做事情怎么去掌控这个标准呢？

其实，这本来就是一个理想的数值，并不是要你刻板地追求 61.8% 的精准。其实很多时候，你都不必刻意去任性、自私、不负责任，你只需要在这两个时候原谅自己就好了：

- 做不到的时候。
- 坚持了一会儿，不想再坚持的时候。

你要相信身体给你的信号。它会告诉你，什么时候其实你是做不到的；什么时候虽然你能做到，但却是特别累不想做的。比如说，孩子在旁边闹，可是你想出去玩。那么，什么时候你可以任性呢？

第一种情况：你感觉继续陪伴下去，你就要崩溃了。每跟他多待一秒，你都觉得很煎熬。在陪伴他这件事上你已经做到极限了，没办法再遵守"我是不能任性的"这个规则了。

第二种情况：如果再忍忍，你还能再陪他一会儿。但这么做的时候，你真的觉得已经很委屈很不情愿了，这时候你也可以放弃了。因为你再继续忍下去，结果也还是会回到第一种情况里，你始终无法满足他所有的需求，成为一个不任性的妈妈。那么，为什么不是现在呢？

你要知道，忍耐和坚持不是在所有时候都有意义。当任务的难度超过了你的极限能力，你只不过是在下一刻放弃还是这一刻放弃之间做选择而已。你始终要面对自己有做不到不任性的部分，只是40%和20%的区别而已。但20%的不任性，未必比40%的不任性要好。因为你的坚持未必能产生正向的价值，却一定能让你受苦。

你要知道：当你觉得累的时候，正是你放弃的最好契机，是你原谅自己的最好契机。你做不到的时候，不想坚持的时候，也正是那 38.2% 展示的机会。

/ 灵活即自由 /

降低要求绝非没有要求，降低要求只是尊重自己能力的局限，尊重自己意愿的局限。

所以降低自我要求的本质，就是尊重自己。尊重自己是个有局限的人，而非无所不能的神。尊重自己是个独立自由的人，而非被要求所控制的人。

但降低自我要求，必然会带来一个糟糕的结果：破坏了自己的规则。这也是为什么我们难以降低自我要求的原因，因为内心总有一种"背叛师门"的恐惧感，像是破戒后等待惩罚的门徒一样。

这时候你要学会的，是自立门户。你需要清理自己内在旧有的门规，重新建立一个属于你自己的规则。也就是说，你要改变你的内在规则来适应你，而非一直改变自己去适应规则。

在没有觉察这个道理以前，就有一个规则奴役了我 20 多年：好好学习，天天向上。

为了这个"天天"的门规，我全年 365 天在学习、在工作，如此我才能保证天天向上。甚至我觉得谈恋爱都是在浪费时间。因为今天逛了一天公园，没有向上，这就是违反了门规，晚上就不得不忏悔，面壁思过。

直到后来我背叛了师门，重新拿回主动权去驾驭这个规则，让它变成：好好学习，时而向上。我才觉得重新获得了自由。我的人生才不再是一个永远递增的函数，它可以在我精力充沛、想向上的时候向上，在我感觉劳累、觉得平凡也无所谓的时候不向上，甚至在我想放纵、想混日子的时候可以向下。

当我灵活地调整规则，我就真正获得了自由。

同时我也发现，当我自由后，效果反而更好了。时而向上居然比天天向上效率更高，创造的价值也更大。

灵活的意思不是不遵守规则，也不是一定要遵守规则，而是我可以根据情境去选择，什么时候使用，什么时候放弃，而非不顾现实情况必须、一定要去做到什么。

如此，你就能降低对自己的要求，得到休息，可以让自己的精力充沛起来，承受力变得更强，内在更加和谐。

思考与表达

写下你的一次愤怒经历。是对谁产生的愤怒？发生了什么？或者直接使用前面的愤怒案例。

1. 找出这次愤怒中，你对别人的要求。并根据这个要求，找到你对自己的要求。
2. 根据你对自己的这个要求，你能想到你为此做过哪些事情吗？
3. 坚持自我要求的过程中，带给你什么样的感受？
4. 如果再来一次，让你选一个放弃的时间点，你会在哪个时间点放弃？那个时刻的放弃，和你坚持着不放弃，效果上有什么差异？
5. 这个要求背后使用的内在规则是什么？这个规则是怎样局限了你？你想怎么修改这个规则？

阴影人格：
我不喜欢你，正如我不喜欢我自己

/ 自我要求是想维持人设，回避阴影人格 /

自我要求高的坏处就是各种辛苦。但人们之所以自我要求，是因为背后获得的好处大于辛苦，所以才会宁愿吃这个苦。

自我要求的好处，就是排斥自己的阴影人格，只留下阳光人格。

"阴影"是心理学家荣格提出的一个概念，意为我们所不能接纳的自己、不喜欢的自己。与之对应的阳光人格，就是我们所喜欢的那个自己。

实际上，人是丰富而全面的，每个完整的人都拥有阴影与阳光的两面特质。我们每个人都既是善良的，又是邪恶的；既是无私的，又是自私的；既是上进的，又是堕落的；既是勇敢的，又是胆怯的。只是在不同的事、不同的人面前，人会表现出不同的性格。然而不是身上的每个特质我们都喜欢，我们既不想让别人看到自己的阴影，也不想让自己看到自己的阴影，这时候人就有了自我要求。

当一个人要求自己对别人必须要热情的时候，他就能感觉

理解愤怒

到自己不是一个冷漠的人；当他要求自己不能给别人添麻烦的时候，他就感觉自己不是一个自私的人；当他要求自己不轻易否定别人的时候，他就感觉自己不是一个爱抱怨的人。因此，自我要求的意思就是：

> 我不接纳＿＿＿的我！
>
> 我不喜欢＿＿＿的我！
>
> 我这么努力要求自己，就是为了不让自己看起来＿＿＿。

比起真实的自己，我更爱理想的自己。 这部分投射出去，也会变成对别人的愤怒："我不喜欢真实的你！不接纳真实的你！比起真实的你，我更爱理想中的你！"所以，我不喜欢这样的你，是因为我不喜欢这样的自己啊。

我们想维持的阳光人格，也是我们自己为自己设置的人设。

明星们都有自己的人设：好男人，御姐范，小甜甜，酷炫派。他们会根据自己的特点，包装自己，形成人设，并进行宣传。然而当明星做出与人设不符的行为时，人设就会坍塌，粉丝就会唏嘘不已，纷纷脱粉。由此可见，明星维持自己的人设，还是很小心的。

同样，我们在努力自我要求维持自己是个好人形象的时候，也是很辛苦的。但即使如此，人也不能轻易放弃，毕竟"累死事小，人设事大"啊。

除了苦苦支撑，不停地自我要求外，还能怎么办？聪明的潜意识总有办法来解决这个问题，那就是：利用愤怒。

/ 敏感：阻止别人说出来我很差 /

愤怒的好处之一，就是阻止别人指出我身上的阴影。当我对别人的评价很敏感时，当别人说我这个人是什么样子的时候，我就要竭力反驳和解释，好让他闭嘴，不要去说我是这样的人。

有一位同学说："我自己带两个小孩，有时候就是很难准时出门，老公也不帮忙，抱臂在旁边看着，还指责我慢。一开始我还解释，后来我们就吵起来了。直到我发飙，他才会闭嘴。"

"慢"就是这位同学的阴影人格。老公指出来她"慢"，她就要使用"因为我要带两个孩子"来极力地解释，好让老公闭嘴，去排斥自己身上慢的部分。对她来说，是不能接受自己慢的。如果她能接受自己的阴影人格，会是什么样子呢？她就会说："是啊，我就是很慢啊。"老公说她慢，她大大方方地承认就好了。慢不可耻，慢是辛苦带娃的母亲专属的权利。你的慢的确有原因，但如果你觉得慢是件好事的话，即使别人觉得这很糟糕，你也不会生气了。即使你觉得对方是错的，你知道自己并不是慢的人，他说他的，又有什么关系呢？你为什么如此排斥他这么说你？

更常见的是关于"狐狸精"这个人格。当你指责一个人"狐狸精""不要脸"的时候，你很不喜欢她身上的这部分人格。那么对方会生气吗？你会发现，只要她能接纳这部分的自己，她就会说："是嘛，现在我都不如从前了呢，以前人家都叫我'小狐狸精'。"

还有一位同学说:"在工作中,我们的考核是以团队为单位的,彼此的错误是互相影响的,一位同事经常会指出我的错误来。有时候他指出来的,我认为是对的,我虽然很不开心但也忍了,我会去改正。但有时候他指出来可有可无、不影响结果的事,就会让我很愤怒。"

对于这位同学来说,他的阴影人格就是"犯错",他无法接受犯错的自己。所以同事指出他的错误时他就会非常敏感,非常努力想制止同事表达。假如他能够接受自己也会犯错这一点的话,他就可以大方地跟同事承认:"对啊,我这个地方确实做错了,谢谢你提醒我。"或者是:"我这个地方虽然做错了,但是我觉得我并不需要改正。"

人的潜意识会认为:如果我阻止别人嫌弃我的某部分,我的这部分问题就不存在了。这其实是一种掩耳盗铃的行为。活在这个世界上,我们会遭遇各种各样的评价。我们不接纳自己的某个部分,就总是想用愤怒去阻止别人说出来。而你阻止别人的过程,其实已经在大量消耗你的能量了。

能够自我接纳的人,内心是强大的。他不排斥你说他是什么样的人,因为他不讨厌自己的任何面相。他觉得你说得对,就大大方方承认;他觉得你说得不对,也不需要跟你辩解,因为他尊重你对他的看法。

有些人很玻璃心,很敏感,这样的人实际上就是阴影人格过多,想阻止的过多,所以他们就很易怒,也易受伤。

/你要成为我的工具，来帮助我/

对别人愤怒，还可以强迫别人，让他跟我做一样的事。这样我既不用面对糟糕的自己，也不用累着自己。

比如说，一位妈妈已经没有多余的精力再管孩子了，可是不管孩子她又会认为自己是个不负责任的坏妈妈，会觉得自己的人设坍塌了，应该怎么办？

在这里，有两个办法可以解决这个问题：

·对孩子愤怒。让孩子自觉管好自己，这样你就还是那个能管好孩子的好妈妈，也不用自己累着。

·对老公愤怒。让老公去管好孩子，这样也不用面对自己是个不管孩子的坏妈妈，也不用操心累着自己了。

让他们去做我想做的事，我就可以省力维持住自己的人设。

有位同学说："我父亲住院，我要在医院守夜。交代老公要带好孩子。结果老公把孩子接回家，就不管了，自己出去吃饭应酬。这让我很愤怒，我觉得他特别自私，特别不负责任。"

对这位同学来说，如果不去医院守夜，自己就违反了门规，就成了一个自私和不负责任的人。如果让孩子自己在家，家长就也是自私、不负责的人。那么，这个矛盾该怎么解决呢？

她眉头一皱，计从心来，她的潜意识告诉她："如果老公不自私,他就会去管孩子,如果他去管孩子,孩子就有人管了,如此,我就不用亲自去管了,我就有时间安心去陪父亲了。同时,我也不必面对孩子没人管的内疚了。"可老公不是"无私门"和"责任派"的呀,他完全能够接受孩子一个人在家,自己不负责任、自私地去喝酒,因为他不需要遵守这个门规。那么没关系,你可以对他愤怒:"跪下!赶紧拜师入门!我派第一条门规就是:人是不能自私的!你听见没有!"

因此,愤怒的本质也是在说:"我一个人维护人设,很累的。我已经没有能力去做了,但我还必须去做。所以你必须要遵照我的要求,去做跟我一样的事,这样你就是在替我分担了,我一人就没那么累了。"

愤怒在说:"快帮我!把结果做好,快来维持我的人设!"

通过我对你的愤怒,我会给你一种压力,强迫你去做我想要做的事。这时候你就可以成为我的一部分,成为我的手臂、我的工具,代替我去做我想做的事,实现我的愿望。

愤怒,其实就是把对方当成了工具。对面的人,即使是你的亲人,也会成为你维护人设的工具。毕竟,天大地大,人设最大。在人设面前,就算你是我的伴侣、孩子,或是父母,那也不算什么。

人这个物种,和其他动物甚至植物的自然属性是一样的,那就是尽可能侵占更多的资源,实现自己的愿望,满足自己的需求。这就是我们为什么不能允许对方有自我,因为对方如果有了自我,就相当于有了别的信仰,你们的门规一旦有了冲突,对方就不会帮助你了。

听起来有点现实,但也符合人的生存本能:先让自己好起来,才能让别人好起来。先维持住潜意识希望自己维持的形象,才有可能为别人去做点什么。

/ 回避阴影的代价 /

因此,愤怒时你的要求其实有很多:

> 你要接受我骂你打你,让我能发泄情绪好受一点。
> 你要及时闭嘴,不要说我是个糟糕的人。
> 你要承认自己是个坏人以衬托我是个好人。
> 你要跟我有一样的自我要求,把我该干的活干了,减轻我的负担,让我轻松实现好人人设。

这些都是回避阴影人格、维持阳光人设的方法。所以我们不得不由衷地赞叹人的伟大,可以用愤怒,来实现这么多的目的。但一个人在排斥自己阴影人格的过程中,固然会体验到"我实现了理想人设"的优越感,同时也会付出巨大的代价。

代价之一:挫败。

如果你要维持自己的阳光人设,就需要你花费很多精力去推开自己的另一部分,就像你企图使用左胳膊把右胳膊拽下来一样,每次你用尽了力气,疼的只是你自己。虽然你不喜欢你的阴影人格，但它却是你身上的一部分。你排斥得越厉害，它反而会贴你越紧，最后，反倒会让你反复觉得自己很差，感到非常挫败。

代价之二：丧失存在感。

你对阴影面的排斥，是一种分裂的防御机制，也就是说你把半个自己给抛弃了，你就不完整了。我们知道，在生活中，如果只有阳光，没有阴影，那么在这个世界上，你将体验不到阳光带来的意义，更无法被阳光感动，反而会体验到越来越多的空虚。

代价之三：对关系的破坏。

两个人之间，总得有人去承担阴暗面。如果你从来不去承担，就会让对方一直承担。可是没有人会喜欢自己变得糟糕，时间久了对方就想离开你了。

生活中，有些人看起来哪都很好，非常积极、阳光、正能量，但这些人你却只想去欣赏，并不愿意跟他们深度交往。因为这些人在排斥自己糟糕、平凡、不如别人的阴影人格，他们从来不谈论自己的烦恼和缺点，也不谈论别人的优秀。跟他们相处的时候，你会感觉到自己很糟糕，因为他们不愿意去承担自己的阴影，也就只能你去承担了。

如果你从来不承认自己有错，就只能让对方一直承认有错；你从来不承认自己自私，就会逼着对方一直自私。两个人都很无私，相处起来是很奇怪的。如果你一直觉得自己是个很上进的人，就会逼着对方承认自己不够上进。这样下去，对方的体验就会很糟糕。

/ 反思的机会 /

愤怒是一个机会。通过愤怒，你可以看见你不喜欢的自己。找到它，然后问问自己：

你这么不喜欢你自己吗？
你的阴影人格，真的那么不堪吗？

电影《阳光普照》中，主人公有两个儿子，一个很乖很优秀，一个很坏很叛逆。每当别人问他"你有几个儿子？"主人公都会回答只有一个儿子。这个优秀的儿子一直得到他的宠爱，而那个叛逆的儿子一直在被他隐藏。这两个儿子就代表了主人公的阳光人格和阴影人格，他不接纳自己叛逆的部分，所以也不接纳他叛逆的儿子。

但这样差异化对待的代价是巨大的：优秀的儿子，因为叛逆的人格一直被压抑着，最终因为抑郁而自杀了，非常安静地自杀了，没有给任何人添麻烦，离去的时候依然乖巧、顺从。而叛逆的儿子，也因为一直不被看见，成了罪犯锒铛入狱。

两个儿子都有不被接纳的一面，被压抑的那一面就会野蛮地生长，最终吞噬掉阳光的一面。这就是父亲不接纳自己，继而不接纳儿子的代价。

你可以问问自己：

理 解 愤 怒

> 为了掩盖、回避你的阴影人格，你付出了什么代价？
> 看起来很好的你，真的过得开心吗？
> 这是你想要的吗？

当你开始接纳自己的阴影人格，接受你人生真实且重要的那部分的时候，你就学会了心疼自己。

思考与表达

写下你的一次愤怒经历。是对谁产生的愤怒？发生了什么？或者直接使用前面的愤怒案例。

1. 找到这次愤怒中你给他人贴的标签。生成这样的句子，并大声朗读，体验一下你有什么样的感受：

   我不喜欢 ____ 的你！不能接纳 ____ 的你！你必须要努力，让自己看起来不 ____ ！

   我也不喜欢 ____ 的自己！我不能接纳我 ____ ，我这么努力，就是不让自己看起来 ____ ！

2. 你在生活中，是怎么排斥自己这部分的呢？你用过哪些方法自我要求，又是如何不让别人表达或嫌弃别人的？你有过这样的经历吗？是怎么使用某些方法的？

3. 排斥这些阴影人格，你都付出了哪些代价？

4. 对此，你有什么样的感受？

与自己和解：
比起变好，轻松快乐也很重要

/ 做好更重要，还是轻松更重要？ /

阴影人格，就是不好的自己。人人都渴望变好，没人喜欢不好的自己。但是变好的过程，却又无比辛苦。有趣的是，即使辛苦，人们也会孜孜不倦地要求自己变得更好，要求别人也变得更好。可是，你有没有问过自己："变好，真的那么重要吗？比轻松和快乐更重要吗？"

有句经典的鸡汤是这样说的：不爱你的人，会关心你飞得高不高；爱你的人，却会关心你飞得累不累。从这个角度来说，你是爱自己的吗？你每天在忙着飞得更高的时候，你会关心自己飞得累不累吗？

有一位妈妈说："孩子说他再玩十分钟手机游戏就会停止，结果又多玩了一个小时。我觉得他得寸进尺，不懂得克制。这让我很生气。"在这位妈妈愤怒的背后，除了对孩子的要求外，首先有对自己的要求：我要做个好妈妈。

其实解决此愤怒有两个很简单的方法：

方法一：让孩子一直玩，你就不会愤怒了。可是这位妈妈不能那么做，因为她要阻止孩子继续玩，不然她认为孩子会荒废学业，她还要做一个能把孩子教育好的妈妈。

方法二：想管教也没有问题，把手机夺过来就好了，这是最快让他停止玩游戏的方式，这样就算孩子愤怒了，你也不会愤怒。但她又不能这么做，因为她认为教育方式不能太激烈，不然会伤害到孩子，自己也不是好妈妈了。

所以这位妈妈的希望，是能够成为一位教育好孩子、且不伤害孩子的好妈妈。但是，这个目标却超出了她的实际能力，让她觉得很累，但是她虽然累了却还在坚持，又非常辛苦，就只能幻想着孩子能懂得克制，配合好自己，彼此都成为更好的人。

很显然，这位妈妈在努力做一个好妈妈，而且非常努力，可我却很想问问这位妈妈："不让自己这么累和做个好妈妈之间，哪个更重要？让自己舒服一点，难道就这么不重要吗？"

这样的问题我其实问过很多人，绝大多数妈妈的回答是："真的不重要。"她们认为至少跟孩子的未来、给孩子带来的伤害，以及跟自己是个好妈妈的人设比起来，自己的舒服真的不重要。而且她们的理由也很充分：父母之所以为父母，就是应该对孩子负有责任。

在责任面前，他们通常会放弃自己的舒适。

/ 角色更重要，还是自己更重要？/

责任固然重要，父母之所以为父母，理应对孩子负有责任，

理 解 愤 怒

这无可厚非。但我想说的是：你不仅是父母，还是你自己。父母的责任是无限的，而人的能力却是有限的。那么，有限的能力和无限的责任之间，你想怎么平衡呢？

能力和责任之间的冲突，本质上说就是自己和角色之间的冲突。直白一点：

你是想先成为父母，还是想先成为你自己？
父母这个角色和你自己，哪个更重要？

为了责任牺牲愉悦的人，是习惯了把自己放在角色后面。

扩展开来就是：你不仅是父母，还是公司的员工或老板，还是父母的儿女，这些都需要你负责任。那你是想先扮演好这些角色，还是想先照顾好自己？如果你不懂得照顾自己，那么你是想先扮演好哪个角色呢？

如果你想每个角色都认真出演的话，你要知道，这是需要消耗你很多精力的工作，会让你非常累。这样，你自己的感受会放在更靠后的位置，并且会越来越累。而即使你很累也不能在乎自己，也要优先扮演好这些角色，直到你开始抵触、拖延、想放弃、想逃离。可见，其实这并不是一个可持续的方法。

你需要重新去思考：我真的要把自己放到角色后面吗？扮演好这些角色，对我来说，真的比自己更加重要吗？

/ 我不重要，事情更重要 /

客观上来说，其实要先照顾好自己，才能扮演好角色。

你想做个好妈妈，就必须先照顾好自己的感受，在能够保证自己能量的基础上，你才有可能成为一个相对好的妈妈。如果你一直在努力把妈妈的角色先扮演好，你很快就会透支自己，成为一个愤怒的妈妈。但先照顾自己很难，这意味着有些时候在某些部分你不能成为一个好妈妈。你会在照顾自己的时候，相对地不那么照顾孩子。但你要知道，即使如此，也并不会产生什么不好的后果。你这次放纵孩子去玩，也不会很糟，因为不代表你每次都会如此。

你这次放纵孩子玩游戏，孩子也不会怎样。当你状态好了，你再跟他斗智斗勇或者耐心教导，也可以带他去游乐场，这些都不会对孩子造成伤害。你这次把手机夺过来，他心理上可能会有点小小地受伤，但当你状态好的时候，给予他的爱又足以修复这点小伤害，从而也不会对他形成什么样的创伤。

重视自己的感受，不代表结果一定会更糟糕。人之所以不能把自己的感受放在事情前面，不敢把自己放到角色前面，表面上是因为担心自己不够好，实际上这只是一个借口，真正的原因是潜意识里有一个限制在作祟：

我是不重要的，事情才是重要的。我是不重要的，角色才是重要的。

理 解 愤 怒

"我不重要"的声音，深深地印在很多人的内心深处。正如，他们从小到大的体验：没有人在意你累不累，只有人关心你做得对不对。当你和别的孩子抢玩具时，妈妈不会问你是不是很喜欢这个玩具，妈妈只会指责你。当你考试没有考好时，妈妈不会问你有没有很难过，却只会责备你怎么这么笨。

从小到大，没有人在乎过你，你也学会了不在乎自己。如此，一个人就习惯了忽略自己的感受，只记得关注事情能不能做好。

/ 有结果才配快乐吗？ /

我并不反对人放弃变好，变好固然重要，但自己的轻松快乐同样也很重要。我鼓励人在力所能及的情况下变好，而不是一定要变好。我鼓励人在照顾好自己感受的基础上变好，而非牺牲感受去变好。

很多时候，我们都认为轻松快乐是把事情做好后才能体会的心情。

有所成就了开心，被人夸奖了也开心。事情做完了就轻松了，挣到钱了就轻松了……我们总是企图先去牺牲自己一时的感受，去换未来的享受。这时候，其实我们就是先把轻松快乐放到了第二位上，我们依然不敢光明正大地去追求轻松和快乐。仿佛只有功成名就，才敢庆祝。可是，让自己快乐，真的需要满足这么多的条件才配拥有吗？

把感受放在第一位，就是单纯地把快乐、轻松当成一个目的，而非事情做好后的附加价值。它可以变成一个主要的目的，而非一直作为赠品存在。

你可以把轻松快乐放在首位，为了实现轻松快乐而去做某些事，也许这些事情做了之后，会让你显得不够好，也可能会激活你阴影人格的部分，会让别人觉得你很糟糕并且还有可能来指责你。但这都是次要的，比起你是什么样的人、别人如何看待你，你更想去为自己的轻松快乐做点什么才更重要。当你能够为自己的轻松快乐去做点事的时候，你会发现，你的生命力会被激活，你会变得更加自信和阳光，你内在储存的能量会越来越多，同时，你对他人的包容力也会越来越强，也就越来越不容易愤怒。

/ 让自己轻松快乐的五个方法 /

让自己轻松的重要方式之一，就是时而放弃。时而放弃自己的某部分人设，允许自己有阴影出现，允许自己有的时候就是一个不负责任、任性的妈妈，有的时候就是一个堕落的、不求上进的青年，有的时候就是一个自私、爱计较的小市民。这些都是你的一部分，也同样重要。而且在接纳自己就是这样的人之后，其实是会感到轻松甚至快乐的。

方法之二，就是求助。当你遇到困难时，如果你善于向身边的人寻求帮助，你会得到很多支援，你的能量池就会瞬间被扩大很多。

如果你放不下对孩子的责任心，你也要知道你的求助对象不仅仅有孩子的父亲，虽然孩子的父亲是最应该帮助你的，但却不见得是最能够帮助到你的。你可以去求助孩子的同学，他们可能会更知道如何帮助你与孩子相处。你也可以求助于孩子喜欢的人，他们也会帮你更好地改变孩子。甚至你也可以求助于孩子本人，告诉他："妈妈很想做个有责任心的好妈妈，看你玩游戏的时候妈妈真的很焦虑，你可以帮帮妈妈吗？"

但是，求助对很多人来说是困难的。因为求助会激活他们很多阴影人格：无能的，亏欠别人的，给别人添麻烦的，矫情的，等等。他们为了维持自己的阳光面，就会放弃求助。

方法三，就是休息。包括充足的睡眠、累时及时放松、经常出去旅游等方式。人体有自动修复功能，当你不去消耗它的时候，它就通过一些方式自动把能量充满，这就叫作心理复原力。

但是，休息是很多人不太敢做的事情。这也会激活他们的很多阴影人格：不上进，放纵，浪费时间，自私，不负责任，懒惰，等等。而不知疲倦地干活，则会让他们感觉心里踏实得多。

方法四，是去做感兴趣的事。安心做你喜欢的事有助于恢复能量。

兴趣的意思，就是你喜欢某件事本身，而非结果。有好结果固然很好，但没有好的结果也可以让人很开心。就像打游戏，我们当然想闯关，但是只是为了闯关而去打游戏，这件事就失去了它本身的乐趣。有些人喜欢练字，这本身就是一件很快乐的事，但在练的过程中如果太在意结果，反而就变成了一种消耗。很多人的兴趣都是一些看起来很不务正业的事，他们并不会因为做这些事没有结果就不去做了。如果没有好的结果就不去做，这其实也是不敢面对自己兴趣的表现。

兴趣之所以可以让人变得放松，是因为人会陶醉在这件事里，那一刻就活在了当下，找到了生命的意义。当你在做自己感兴趣的事时，如果你过于在意结果，你就活在了未来，而你的身体却仍在当下，那么，你就会再次焦虑，也正是这样的不一致在消耗着你。

方法五，是参与滋养型社交。社交分为滋养型和消耗型，滋养型社交就是可以让你感觉到轻松愉快的社交，是补充你能量的社交。而消耗型社交，只是为了某个目的不得不为之，是消耗你能量的社交。

有些人觉得，我没有爱的人，也没有爱我的人，虽然我有伴侣，有朋友，但我无法拥有爱。对很多人来说，其实他们不是没有爱，而是不愿意花时间去感受爱。如果你去寻找，你就能感受到太阳在爱你，小草在爱你，陌生人也在爱你。只要你愿意停下来，敞开心扉去接受，你就能感受到来自很多方面的爱。你也可以问问自己："我有多久，没有停下来，感受一下这个世界了呢？"

让自己敢于轻松，敢于快乐，就是治疗一切愤怒的良药。如果能够让自己轻松和快乐，阴影多一点又何妨？

思考与表达

写下你的一次愤怒经历。是对谁产生的愤怒？发生了什么？或者直接使用前面的愤怒案例。

1. 在这次愤怒中，你对自己的要求是什么？你是如何感到心累的？
2. 放下这种累，如果把轻松快乐放在第一位的话，你想怎么做？
3. 平时你有单纯地把快乐当作目标去做过某些事吗？如果有，是什么？如果没有，你想做什么？
4. 你如何看待自己的轻松快乐？你重视过这一部分吗？怎么重视的？

重新定义
你自己

/ 贴标签为自我定义 /

自我要求的目的，是为了摆脱阴影人格。摆脱阴影人格的目的，是为了维持良好的人设。我们花了好大力气，才让自己看起来没那么糟糕。但人又会用一个有趣的动力马上把自己打回原形——自我定义，也叫给自己贴标签。

人会很轻易地给自己贴一个负面的标签，把自己拉回阴影人格里去。

比如，一位同学这样说：“今晚因为公司有事，我加班回家晚了。我没能给孩子做晚饭，让孩子自己煮了方便面，这让我觉得非常自责。”我问她：“当你自责的时候，你是怎么评价自己的？”她回答说：“我觉得我是一个不负责任的妈妈。”

我们看到，一方面，她在通过自我要求、自我嫌弃，努力去成为一个负责任的好妈妈；但另一方面，她又轻易地给自己下了一个定义，觉得自己是个不负责任的坏妈妈。她不仅矛盾，还对自己非常苛刻，连加班没来得及给孩子做晚饭这种不得已的事情，都被上升到了"不负责任"的高度。

类似的事情还有："我今天一整天都在玩,没有学习,这让我感觉很糟糕。哪怕我已经认真学习了好几天,但这些都不能算数,我还是会给自己贴上'不上进''堕落'的标签定义自己。"

人给自己下定义的时候,也会遵循以点及面、非黑即白的逻辑。只要我一个点没做好,就会觉得自己是个糟糕的人。我有 1 分没做到,我就给自己判了 0 分。如此,我们便可以看到这样的人过得有多累了。

一个人如何轻易地给自己贴标签,他也会同样轻易地给别人贴标签。

/ 在想象中已经完成了自我定义 /

给自己贴标签,不一定是我们做了什么事。有些事我们在自己的想象中先完成了自我定义,于是就不敢去做了。

一位同学说:"中午去食堂吃饭的路上碰到领导,主动跟领导打了招呼,但是领导没有回应,总感觉领导回避与我的眼神交汇,故意躲开我。这让我觉得有些失落,觉得这位领导怎么这么骄傲,他是不是看不起我?"

这件事看起来是这位同学对他人的愤怒,但实际上没有这么简单。这位同学给领导贴了"骄傲"的标签,那反推过来我们就知道,他平时让自己"切勿骄傲"。

我就问他:"中午去食堂吃个饭而已,看见了领导你也可以假装没看见,为什么一定要主动跟领导打招呼呢?"他说:"那也显得我太骄傲了吧，见了领导居然都不打招呼，领导会怎么想我？"

在这位同学的头脑中，一旦他不主动跟领导打招呼，就马上先会给自己贴一个"骄傲"的标签。也就是说，他很容易觉得自己是个骄傲的人，一旦有地方没做到位，他就会这么定义自己。而他为了回避自己"骄傲"的这个阴影人格，就会要求自己必须去做一些类似于主动打招呼这种显得自己不骄傲的事。

我有一位朋友就是这样，别人给他添麻烦他会很愤怒。他首先会对自己有一个"不给别人添麻烦"的要求。然后我问他："给别人添麻烦，对你来说意味着什么？你怎么评价这样的自己呢？"

他说："那我就是一个令人讨厌的人了。"在他的想象中，一旦自己做了麻烦别人的事，他马上就会给自己贴一个"令人讨厌"的标签。然后他就开始了艰难的自我要求、要维持"招人喜欢"的人设。

你也可以这样问问自己，来找一找你为自己下了什么样的定义："我一旦做了某事，意味着我是一个什么样的人呢？我怎么定义这样的自己呢？"

/ 重新自我定义 /

想要接纳自己，有一个基本的方法：如果你不觉得自己是这样的人，也就不用排斥这样的自己了，更不用去要求自己。

你需要重新自我定义。你要知道，你的某个行为，除了代表

理解愤怒

你是 A 这样的人，还可以代表你是 B、C、D、E 那样的人。

一位同学说："我父母总是想让我按照他们的想法去做事，晚上如果没有按时到家他们就会打催促电话来质问。这让我觉得很烦，感觉自己没有受到尊重。"

他对父母的行为，贴了一个"不尊重我"的标签。我就跟他说："这事很简单，父母打电话质问你，你挂掉电话就可以了，你也不用告诉他们你在哪，这样他们就没办法控制你了，他们总不能顺着电话线过来把你揪回家吧。"

然而这位同学却说："这样不太好吧。这也太不考虑父母的感受了，这样会伤害他们的。"这位同学其实是在说："这太不尊重父母了。"

因此，对于这位同学来说，一旦他做出挂断父母电话的行为，就会马上给自己贴上"不尊重父母"的标签，为了回避"不尊重父母"的这个阴影人格，他选择了即便不愿意也要接父母的电话。

假如他做出挂断父母电话的行为，他还可以怎么定义自己呢？他可以这样认为：

· 我是个有界限的人。在父母干涉我的生活的时候，我可以果断拒绝。

· 我是个懂得照顾自己的人。在父母让我不舒服的时候，我选择以自己的感受为先。

· 我是个相信父母的人。虽然我挂断电话他们会难受，但

我相信他们完全能自己消化。

……

一旦他开始这样重新定义自己，就不需要再努力维持"尊重父母"的人设了。当他再遇到不得不挂断父母电话的情况时，就没有太大的压力了，也不会因为父母打电话来催促而愤怒了。

/ 用做到的部分来定义自己 /

另外一种自我定义的方式，就是用做到的部分来定义自己，而非用没做到的部分。

比如说，前面一位同学讲到："孩子很黏我，我想出去的时候，他哭闹着不让我去。我就很抓狂，觉得自己一点都不被理解，一点都不自由。"

这位同学对孩子的任性很愤怒。我们分析了，是因为这位同学不接纳任性的自己。她如果把孩子撇下自己出去，她就马上给自己贴上"任性"的标签。

对这位同学来说，她能忍的时候就留下来陪孩子，这时候她是一个不任性的人。她不想忍、也无法忍的时候，她就是一个任性的人。这样看，她有的时候任性，有的时候不任性，那么，她到底是一个任性的人还是一个不任性的人呢？该如何定义她？

你可以先来感受一下这两种表达方式有什么不同：

理解愤怒

> "我是一个负责任的妈妈，我只是有时候做出些任性的行为。"
>
> "我是一个任性的妈妈，只是有时候做出负责任的行为。"

选择第一种自我定义的方式，你会发现，你原谅自己容易多了。每个人都会做到 A 的一部分，也会做到 –A 的一部分，就像是半杯水一样，你看到的是半杯空还是半杯水，决定了你有什么样的心情。

你可以思考一下：自己为什么习惯用负面的那个部分去定义自己，而不是正面？

思考与表达

写下你的一次愤怒经历。是对谁产生的愤怒？发生了什么？或者直接使用前面的愤怒案例。

1. 这次愤怒中，你给对方贴的标签是什么？
2. 你做过什么或去做什么的时候，会觉得自己也是这样的人？
3. 你还可以怎样自我定义？

05

情感连接：
因为我不开心，
你也要跟我一样不开心

愤怒是一种嫉妒：
你的愉悦度，不能超越我

/ 愤怒是一种情绪控制 /

当你愤怒的时候，对方做什么，可以让你的愤怒程度降低？

当你愤怒的时候，你以为你是想改变对方的行为。你总觉得，当对方在行为上改变了，你就不会愤怒了。所以这个时候，你试图用愤怒去控制他的行为。但实际上，并不是这样。因为很多时候，对方的行为即使改变了，你还是会愤怒。

比如说，你在厨房准备着一顿很复杂的大餐，想宴请你的朋友。这时候，如果老公在客厅只顾着看电视，你就会很愤怒，你会责怪他为什么不帮忙拖地。恰好，他今天的心情挺好的，就说"好吧，为了避免你生气，我就把地拖了吧。"然后他就去拖地了，他确实听了你的话在行为上做出了改变，但是你会消气吗？我想，通常是不会的。你可能会告诉他："什么叫为了我拖地啊？！拖地不是你应该干的吗？！"

那么这个时候，其实你不仅仅是想改变他的行为，你更想改变他的思想，你想告诉他正确的价值观应该是"家务是你的责任"，并且要求他改变价值观，而这时候的你就是在控制他的思想了。

假设你成功了，他改变了思想，认为家务是自己的责任。你在厨房准备宴会饭菜，他很自觉地去拖了地，不过，他今天的心情出奇地好，效率也出奇地高，1分钟就把地拖完了，甚至又花了1分钟把桌子收拾好并擦干净了。然后，就又去看电视了。

现在他行为改变了，思想也改变了，只不过他做得比较轻松，而你却还在厨房忙东忙西。这时候你对他满意吗？你可能还是会觉得有点不爽。看到他闲下来，又开始觉得他很不自觉，不知道自己找活干，不知道体谅你的辛苦。当他只有跟你一样忙碌、劳累与感到挫败时，你才会心满意足地收起你的愤怒。这时候你想改变的，其实是他的情绪。

一个人在愤怒的时候，想要的不仅是对他人在行为和思想上的控制，更想要的是情绪上的控制，你想要他跟你一样低能量。也就是说，一个人在愤怒的时候，是不允许对方比自己更愉悦的。

/ 看不得别人开心综合征 /

类似的事情还有：有一天你特别心烦地回到了家，却看到孩子在看电视，而且他不仅在看电视，还发出没心没肺的笑声。这时候你会是什么样的心情呢？你会没好气地责问他："作业写了吗？"

如果他一脸得意地说："早就写完了！"这时候你又是什么

心情呢？你会表扬他真自觉、真乖、真棒吗？不，你不会，你只会继续责问他："钢琴练了吗？"他如果说练了，你还会再次转移话题："地板这么脏，怎么就不知道拖一下！大人每天在外面这么忙、这么累，你就不能自觉干点活儿吗？"

直到他也不开心地关了电视，主动去找活干，你才满意。这里的重点是：他要不开心。如果他非常欢乐地吹着口哨、哼着小曲主动找活干，这也并不能抵消你现在心烦带来的怒火。

这样就很好理解了：在干家务的人看不得看电视的人，是因为看电视的人愉悦度太高，而做家务的人正在"受苦受难"。这时候做家务的人就要开始数落对方，直到看电视的人不敢再愉悦。

这就好像是辛苦的家长看不得孩子娱乐。因为孩子在玩的时候心情愉悦，而辛苦的家长在忙碌，正在体验挫败和焦虑。这时候，家长们就要给予孩子一些打击，直到孩子不再坦然、心安地玩耍。

如果别人过得比你好并且在你面前展露得意的时候，你会很不舒服，并找理由贬低他：有什么了不起的，有什么好得意的！

这个过程，就叫作嫉妒。

行为层面的嫉妒，就是我们看不得别人某些方面比我好，这时候就想做点小动作，搞搞小破坏，给点小诅咒，祝福他过得越来越差，最好能出点小意外。

情感层面的嫉妒，则是我们看不得别人情绪比我们愉悦。这时候就想做点指责，来点愤怒，给点看不惯，把他们的愉悦感降下来，让他们跟我们一样不开心。

我用一个名字来命名这个过程：看不得别人开心综合征。

/ 心理平衡 /

看不得别人开心，是一种非常常见的现象。看不得同事、邻居、朋友开心，这个很好理解，毕竟你可能在与他们竞争，是敌对的关系，希望他们比你过得差一点。实际上，亲密的人之间更是如此，你的伴侣、孩子、好朋友、父母，你也会看不得他们开心。

愤怒是一种能量比较低的状态。愤怒的意思是：本宝宝现在不开心！然后我把愤怒告诉你，就是想表达：你现在也不能开心！

哪怕这个人是我们最亲近、最爱的人，也要遵守这个规律。理性上，我们是希望自己亲近的人能够健康、幸福、开心、快乐、轻松和愉快的。但人在愤怒的时候，并不是理智的，他们只希望对方不开心。

这听起来比较邪恶。人会难以接纳这样的自己，潜意识就要用一种叫作"合理化"的防御机制来进行伪装："我这都是为了你好啊！"

所以，当你自己过得不开心的时候，意识层面上，你希望对方过得好，但在潜意识层面上，其实你是希望他不开心的。在潜意识中，你让对方不开心的目的，就是为了达到心理平衡：因为我是这样的，所以你也应该是这样的。

你可以接受一个人现在没有钱，但你会要求他上进，要求他持续体验吃苦、受累、焦虑、忙碌，反复去体验这种"我还不够好"的感觉，直到跟你一样。如果他变得很有钱却不再上进，你就又开始传播你的焦虑，告诉他你这是坐吃山空，迟早有一天会完蛋的，直到他也焦虑到跟你一样的状态，你才满意。

你可以接受一个孩子不聪明，但你会要求他态度认真，要求他持续体验那种遇挫不放弃的自我强迫，不想做也得去做的委屈，你要的是他跟你一样的自我虐待精神。如果他如天才般聪明，又轻易地完成了作业，然后开始沉迷于手机游戏，你还是会有很多不爽。

当你愤怒的时候，别人做了什么并不重要，重要的是他体验到了什么情绪，他是否开心。只有当他跟你一样不开心的时候，你的心理才会平衡。你就体会到：这样就不是只有我一个人这么惨了。

/ 压抑 /

使用愤怒打击对方的时候，他的情绪只能降至跟你一样的压抑，但不能降至可怜、委屈、吓坏了的方向去。如果他坦然地表现出可怜、委屈、屈服的样子，你还是会生气。因为坦然地委屈、可怜，本来就是件很愉悦的事啊！你想想，你受了这么多累、这么多委屈都还没有表现出来，他怎么就能先表现出来呢？！即使他感觉到委屈，也得憋住啊，憋到一种很压抑的状态才行！

情绪的愉悦度，不等于开心，而在于是否顺畅。一个人的情绪越是坦然，就越是能够流动，他情绪的愉悦度就会越高。反之，他的情绪越是不能谈论、不能处理、不能表达，愉悦度就会越低。

即使一个人呈现出焦虑、委屈、伤心、自卑等负面情绪，只要他坦然面对自己的情绪，承认、谈论并表达自己的情绪，那也是一件身心愉悦的事。当你能够坦然地愤怒时，你也会发现，愤怒使人有一种愉悦感。

所以，其实你愤怒的时候，对对方的要求是：你的情绪要憋住！不能放肆地开心，不能放肆地伤心，不能坦然地有情绪！

此时此刻，我不开心，所以你也不能开心。

思考与表达

写下你的一次愤怒经历。是对谁产生的愤怒？发生了什么？或者直接使用前面的愤怒案例。

1. 找出当你愤怒的那一刻导致你不开心的原因，除了让你愤怒的这件事，还有什么别的原因？
2. 此刻，对方正在做的事是怎么让他感觉到愉悦的？
3. 感受一下此刻你们两个心情的差异。你有什么看法？
4. 试着想象你在这次愤怒中，对着对方读出以下的句子，会有什么样的感觉：

   我现在不开心，你凭什么在享受！你也不能开心！

   我的内心很压抑，你也必须要压抑！你不能一个人那么愉快！这样，我心理才平衡！

愤怒是一种伪装：
愤怒看起来强大，背后是受伤的自己

/ 愤怒背后的其他情绪 /

愤怒是一种不开心，但愤怒并不是单一的不开心。愤怒背后，其实还掩盖着挫败、委屈、无助、恐惧、孤独、焦虑等诸多情绪。

比如说，有天你特别心烦地回到了家，却看到孩子在若无其事地看电视，不仅在看电视，而且还发出阵阵欢乐的大笑声。这时候的你，第一反应就是愤怒："你怎么又在看电视！"但如果你仔细观察一下自己当时的体验：愤怒之下，你还有什么别的情绪？

你可能会体验到特别挫败，觉得自己在单位工作也做不好，回家孩子也管不好，会一下子激活自己"哪哪都不好"的体验，进而又想到自己的人生是如何的失败，瞬间觉得整个人的压力特别大，怎么到处都不如意。而你一时无法消化这种挫败，甚至无法告诉别人自己其实感受到了特别强的挫败感，这时你就会以愤怒的方式表达出来。

你也可能会觉得自己特别凄凉。在公司里，人人冷漠，充满

理解愤怒

竞争，没有人在意你的死活，可是回到家后，老公也不太会关心自己，孩子只顾着看电视，眼皮也不抬一下，在这个家里自己就像是空气一样。这时候的你，被一种凄凉感侵袭，但自己又无法消化，你也会用愤怒表达出来。

你可能还会觉得自己特别委屈，觉得自己在单位忙忙碌碌，挣不了很多钱，为了什么？还不是为了能给孩子多攒点钱，希望他能有一个好的未来。可是这个家里有人理解吗？这个不听话的孩子，一点都不上进，天天就知道在家里看电视，根本看不到也不会体谅妈妈的辛苦。这时候你的委屈无处诉说，你也会用愤怒来表达。

有的愤怒背后，是一种无助感。你看到家人不怎么管孩子的时候，会有一种家庭任务全都落在自己身上的感觉。你无法承受这种无助感，就会很想发飙。

有的愤怒背后，是一种恐惧感。你看到单位的同事做事不够认真细心，你很愤怒，是因为你害怕受到他的拖累，整个部门的业绩可能也会受到影响，进而你的收入也会被影响。

有的愤怒背后，是一种羞耻感。当别人嘲笑你胖，嘲笑你出身落魄，嘲笑你又土又丑，这让你特别愤怒。在这种愤怒背后，是因为你觉得他们说对了，那的确是你的缺点，而且这个缺点让你觉得无比羞耻。这就是所谓的恼羞成怒。

愤怒是一种攻击性的情绪。处在愤怒中的人，看起来是很强大的。甚至有时候表达愤怒的人自己也会这么觉得，觉得自己太过分了，太强势了，还担心会伤害到别人，特别自责。承受你愤怒的人更会这么觉得，觉得你的愤怒是不对的，你的愤怒太伤人了。

但无论是愤怒者还是被愤怒者，都很少有人停下来，透过愤怒去关心一下情绪之外的事。其实对于愤怒者来说，有一个很重要的事实是：他受伤了。

愤怒背后包裹的，是受伤。只是愤怒者无法表达自己的"伤口"，甚至无法意识到自己的"伤口"，也不想让别人知道，才会用愤怒去保护自己，企图用愤怒制止刺激源继续伤害自己。

愤怒者之所以愤怒，是因为他的脆弱被激活了。

/ 为什么不能表达脆弱？/

愤怒者就像是一只刺猬，浑身都是扎人的刺，但透过刺观察里面，会发现都是非常柔软的皮肉。愤怒就像是刺猬坚硬的外壳，企图保护内在这个脆弱的、受伤的自己。

愤怒是一种保护性的情绪。在它的背后，其实是：

委屈的自己。

受伤的自己。

无助的自己。

可怜的自己。

害怕的自己。

孤独的自己。

理 解 愤 怒

> 压抑的自己。

那愤怒者为什么要隐藏自己的这些脆弱情绪呢？因为暴露脆弱，会有几个难点：

- **不会暴露**

愤怒者的经验一再告诉他们："没有人关心我，也不会有人关心我。所有人都会忙着讨论你该不该愤怒，愤怒对不对，或者这件事情应该这么做，不应该那样做……唯独没有人去关心我：此时此刻，我的感受是什么，我的内在正在经历着什么。"

从小到大，也没人教你脆弱是可以表达的。所以渐渐地，你也不想过多关心自己是否受伤。毕竟，你越是意识到自己的脆弱，越是发现它无法被关心，你就越会觉得这是一件令人难过的事。与其如此，自己也不再去观察了。

- **脆弱羞耻感**

暴露脆弱，会让人感觉自己很软弱，很需要别人的照顾。你对一个人说"你不理我，我觉得很伤心"和"你不理我，这让我很愤怒"的感受是完全不一样的。前者会让人觉得像泄了气的气球一样，表达出来是需要勇气的。

对于这些人来说，一旦我有脆弱的情绪，我就要用高姿态，来让自己看起来很强大，以此掩饰我的脆弱。这就叫作"脆弱羞耻感"。

- **自我保护**

如果你去表达脆弱，其实还有可能遭到嘲讽和嫌弃。我有很多来访者都学习过一致性表达、非暴力沟通之类的沟通方式，他们不加掩饰地告诉对方自己的脆弱，结果对方不仅不会去安抚他们的脆弱，还会反过来嘲笑他们。对方会认为："你这么难过，是你活该，还不是因为你自己太作。"这是让人非常难过的体验，或者每当你们有了矛盾，对方干脆拿你的脆弱来攻击你。

"我不相信别人对我真实的样子是感兴趣的，也不相信别人能听得懂、理解得了我。我更不相信别人听了后，会安抚我而不是伤害我。"

渐渐地，愤怒者自己也不太能接受自己的脆弱了。他们内心形成了一个规则：我是不能表现脆弱的。而后就陷入了一个恶性循环：你越是不表达，别人就越是看不见，别人越是看不见，你就越是不愿表达……

/ 表达你的脆弱 /

健康的处理脆弱的方式，首先是对自己的脆弱真诚。别人可以不知道你受伤了，可以不在乎你的"伤口"，但是你自己得在乎。

没人愿意主动透过你的愤怒看到你的脆弱，但你自己要看到，然后再去做个决定：此刻，我做些什么能让自己好受一点。这就是爱自己的真谛：比起谁对谁错，你的感受更重要，你怎样让自己好受一点更重要。

解决愤怒最好的方式就是去解决脆弱，解决脆弱最好的方法，就是去诉说与倾听。你讲给别人听，你的情绪就会流走，你告诉别人"其实我好委屈"，你的委屈就会减半。你告诉别人"我一直在付出，我真的好累"，你的累感就会减弱。你告诉别人"我觉得自己好差劲，好自卑"，你的价值感就会有所回升。而且直接表达你的脆弱，会让别人更容易理解你，从而有了安抚你的可能。当你表达愤怒的那一刻，其实你是很渴望被理解的，但愤怒是一种伪装，别人的确很难透过你的愤怒看到你内心隐藏的脆弱，因此，如果你真的渴望被理解，你就要学会直接告诉别人你的脆弱。

但表达依然是有风险的，我们可以把控这个风险。有**四种方式，可以防范表达脆弱的风险：**

第一，先去构建一个可以让你安全表达的环境。比如，你可以找一个合适的时间问对方："我现在可以跟你说说我的感受吗？"在确认对方愿意了解你的内心之后，再去表达。表达脆弱有时之所以会招致别人的攻击，是因为别人正沉浸在他自己的世界里，没有多余的精力去关注你是否受伤，而你不分情况匆忙地向别人诉说，就有可能会吃闭门羹。

第二，不要一下子推心置腹地暴露。你可以循序渐进、一点点地暴露自己的脆弱。你可以尝试先说一个小脆弱，在对方愿意给你关注的前提下，再一点点地深度暴露。

第三，给出你脆弱的原因。当你感到害怕或无助，你得告诉对方为什么有这样的感受。不要幻想"我不说，你就能懂""这是常识，大家都知道"，你要知道，人与人真的很不一样，如果你能把脆弱的原因细致地讲给对方听，就可以增加你被理解的可能性。

第四，你也可以先去关心对方的脆弱。有时候对方不愿意安抚你，是因为他跟你一样脆弱，他也有一个"我不能脆弱"的内在规则。他看不到自己的脆弱，也就没有能力看到你的脆弱；他不允许自己脆弱，自然也就不会允许你脆弱了。

当你尝试了这样的表达，你就会发现：一旦开始关心对方的脆弱，表达自己的脆弱，你们之间的脆弱就开始流动了。**脆弱能够在彼此之间流动，才能激发真正的情感**。这时候你就发现，彼此真诚的心最重要，引起你愤怒的那件事，已经不再重要了。

/ 关注别人的脆弱 /

如果你看到别人的愤怒，先不要着急做反应，而是尝试透过他的愤怒，看看他体验到了什么样的脆弱。如果你有能力替他表达出这一部分的脆弱，那你就是一个非常厉害的情商专家了。

"妈妈"是一个经常愤怒的群体，尤其是迈入老年的妈妈。很多妈妈意识不到自己的孩子已经长大了，有自己的生活了。她们的孩子也很痛苦：一方面，他们有自己的想法，不想被妈妈摆布；另一方面，他们又不想让妈妈伤心，不太想跟妈妈发生矛盾。这时候，我就会去教他们如何安抚妈妈的愤怒：

> "妈妈，你辛苦了。虽然你在对我发火，但是我看到你对

理 解 愤 怒

我的事情特别着急和用心,让你费心了。"

妈妈们如果能听到孩子这样的回应,愤怒马上就会有一定的缓解。因为你替愤怒的人表达出了他们无法表达的脆弱,他们就会体验到自己被看见了。这时候,他们就不太需要再用愤怒来保护内在那个受伤的自己了。

思考与表达

写下你的一次愤怒经历。是对谁产生的愤怒？发生了什么？或者直接使用前面的愤怒案例。

1. 这次愤怒背后，还有哪些隐藏的感受？哪些是与你的脆弱相关的？尝试写下那些感受的名字和原因。
2. 你是怎么应对自己这份脆弱的？
3. 然后生成这样的句子，并尝试这样的表达，体验一下有什么感受：

   我对你很生气，同时我也感觉很 _____（哪种脆弱）。

   我一直在做的事情是 ____，这让我感觉很 _____（哪种脆弱）。
4. 你如何看待这个脆弱的自己？你想对它做什么？

愤怒是一种传递：
我想让你体验我的脆弱

/ 情绪的传递和转移 /

愤怒是一种对别人的要求。在这个要求里，包含着一个"好处"：你要跟我做一样的事，你要有跟我一样的自我要求，这样你就能跟我一样不开心了。

一位同学说："我对妈妈的控制感到很愤怒，她总是对我指指点点，告诉我该做这该做那。"

妈妈控制你，侵犯了你的界限，听起来的确不是一件好事。但是你知道妈妈在那一刻对你"指指点点"的时候，有多愉悦吗？在那一刻，她做了一把指点江山的皇帝，仿佛自己就是世界的主人，她飞舞的表情、丰富的语言都在告诉你，控制别人的滋味简直美极了。

而你呢？你在被控制的时候，又是什么样的感觉呢？你会觉得那种有话说不出、自由意志被捆绑的憋屈，有种一直被别人堵着的憋屈感。

让你有这种憋屈感的外在原因是妈妈的控制，那自身的原因呢？就是你对自己的要求：要尊重妈妈，照顾妈妈的感受，不能顶撞妈妈，不要给她带来伤害。

是你的"要求自己克制"让你憋屈了。这个憋屈无法表达就变成了愤怒，并转向了妈妈：

> 你不能控制我！
> 你也要克制你自己！
> 跟我一样克制自己！

这样你就跟我一样能体验到憋屈感了！

直到妈妈被憋到想说又不能说，你才满意。这时候你所体验到的憋屈的感觉，就回到了妈妈身上。因此，愤怒是一种传递：当一个人有无法表达、无法被意识到的脆弱情绪的时候，他就会通过愤怒，传递到对方那里，企图让对方也体验到这种脆弱的、糟糕的情绪。

愤怒的人的情绪像是病毒一样在空气中迷乱地飞舞着，而对方若是靠近，且没有什么免疫力的话，就会被愤怒的情绪所传染。

/ 精准的传递 /

愤怒传递的精准性是很高的。愤怒背后是不同的脆弱情绪体验，你对别人愤怒的时候，也会精准地让别人体验到同样的脆弱。

当你回到家后，看到孩子在看电视，你特别愤怒。这时候，你在不同的情绪背景下，愤怒的理由和要求是不一样的：

如果在你愤怒的背后是挫败感，那你对孩子表达愤怒的时候，一定会让他也体验到"我是一个特别糟糕的人"的挫败感。这时候的你，就会用一些否定的话来表达愤怒，你可能会对他说："你怎么什么都做不好，整天就知道看电视！作业写成那样，考试考成那样，你还好意思看电视？！"

这样的愤怒表达出来之后，孩子就会感觉自己很糟糕，他就可以成功体验到挫败感了。

如果在你愤怒的背后是凄凉感，你觉得没有人关心自己，那你对孩子表达愤怒的时候，就会让他也感觉到"我只能不停地干活，没人关心我"的凄凉感。你只要不停地指出一个人应该如何如何，他就会觉得自己被忽视了："你整天就知道看电视，也不知道去做点家务！家里这么乱，你看不到吗？！一点都不知道体谅大人！"

这样的愤怒表达出来后，孩子就会觉得这些家务比自己重要得多，根本就没有人来关心自己。

如果在你愤怒的背后是委屈感，你对孩子表达愤怒的时候，你也会让他体验到自己所有的努力都会被否定的感觉。你可能会这样说："你整天什么都不干！就知道吃喝玩乐，一点都不懂事！"这时候他就会觉得，自己做了那么多，原来都是徒劳的，妈妈根本看不到，他就会自然而然体验到委屈了。

通过你愤怒时不同的侧重表达，你体验到的这些糟糕的感觉，就会全部精准地转移到孩子身上。

/ 双向加倍传递 /

更有趣的是，接受愤怒的人，并不会束手就擒。你想把这种糟糕、脆弱的情绪扔给他，而他完全不想接。没人喜欢捡情绪垃圾，这时他就会做出一些别的反应，再扔回给你。

比如说，他也会反过来指责你、挑剔你、继续挑逗你、离你远远的……当对方做出这些动作后，就变得更加强烈了。

在我们的工作坊里，一位同学说："我老公出差回来都晚上九点了，他不是直接回家，而是先去和同事吃饭，这让我很生气。然后我就冷冷地跟老公回了句'知道了，你去吧'。"这样冷冰冰的回复，会让她老公有什么样的感觉呢？他会觉得被自己的老婆冷漠对待了。

这其实就是这位同学无法表达的被忽视感，又被她扔了回去："你出差回来都晚上9点了，我这么想你，你居然还不赶紧回来，还要先出去跟别人吃饭，你对我也太冷漠了！"于是她就用冷冷的语气跟老公说话，让老公也体验到这种被冷落的感觉。

老公能不知道这是一句气话吗？但是他不愿意接受这种冷漠的感觉啊。于是他也在被冷暴力后，发起了新的攻击："谢谢你，我去啦。"

这句话说出来，会让老婆体验到什么样的感觉？"我说反话你听不出来吗？还谢谢我，真是可恶！"这时候她体验到的就是更加冷漠的感觉了。

理 解 愤 怒

就这样，冷漠感在这两个人之间一来一回地传递着：我体验到了被你忽视，我就再去忽视你，冷漠传递给你，你体验到后又加倍还给我。但是即使如此，还是谁也不先去表达："我感觉被你冷漠了，我很伤心。"

这位同学不服气，又改成热暴力了，让矛盾进一步升级，她忍不住对老公发飙了："你每天就知道吃喝玩乐，一点都不知道顾家！"

那这句话会让老公产生什么样的感觉呢？老公会觉得自己被误解了，很委屈："我是在维护我的工作啊，这能叫吃喝玩乐吗？"

可老公也不会表达这种委屈，于是老公也不甘示弱，回了一句让她也体验被误解、很委屈的话："我就不应该跟你说实话，还不如一如既往地骗你省事，反正说不说真话你都要生气，都不理解我。"

这时候他们两个人，在彼此的愤怒中，夯实了自己无法表达的、被拒绝的失落感，和被误解的委屈感。

表面上，两个人吵得热火朝天；实际上，却在传递一种无法言说的脆弱。

/ 对方的愤怒是理解他感受的契机 /

愤怒是对方向你表达他如何脆弱，这点其实在心理咨询中经常被使用到。

比如说被否定。在心理咨询的时候，一位心理咨询师遭遇来访者的否定、质疑、批评、挑剔，是很常见的现象。这时候，咨询师通常都会感到沮丧，觉得自己被否定了，体验到很强的挫败感。

如果是初级的咨询师，就开始慌忙地应对："你凭什么否定我呢，你了解我吗？"但是出于不想破坏自己包容、和蔼、接纳的形象，他只好忍耐着，然后耐心地跟来访者解释，其实自己不是对方想的那样。但实际上，来访者内在脆弱的情绪就会被堵在这一刻。他会感觉咨询师在说"你不应该这么评价我"。

成熟的咨询师则会根据自己的感觉识别出所体验到的糟糕、被否定和挫败的情绪，是来访者无法表达的情绪，扔到了自己的身上。他会发现，这是一个很好地了解对方的机会。

这时候，他会说："你在否定我，这让我感觉到很挫败。的确，你说得很对，我的确做得不是那么好。但是我想知道，你平时也会这样否定你自己吗？你会对自己感觉到失望吗？你经常会体验到这种挫败感吗？"

然后我们的注意力，就会回到来访者身上，他开始跟咨询师表达他的脆弱了。而咨询师与来访者的关系，也会因为这次否定的谈话更深一层，也更进一步。

所以别人的愤怒，是一个很好的沟通机会。它通过让你体验到对方的难过，让你有了理解他的可能。

思考与表达

写下你的一次愤怒经历。是对谁产生的愤怒？发生了什么？或者直接使用前面的愤怒案例。

1. 当你对他表达完愤怒后，你觉得他会体验到什么情绪？会有什么样的感受？
2. 他体验到的这种感受，对你来说是熟悉的吗？
3. 你觉得他在接收到这种情绪后，会对你做什么？
4. 这时候你又会体验到什么？
5. 找到你愤怒中给自己所贴的标签，生成这样的句子，并大声朗读，体会一下自己的感受：

   我对自己的要求是 ＿＿＿＿！这让我感觉很 ＿＿＿＿。

   我对你的要求也是必须要 ＿＿＿＿！这样你也可以感觉很 ＿＿＿＿。
6. 你怎么看待这样的互动？

让对方难受的好处：
感受一致，才能亲密

/ 嫉妒是我需要心理平衡 /

我在愤怒的时候，实际是在嫉妒对方的情绪体验比我愉悦。我需要他跟我一样，同样的压抑。需要他跟我保持情绪的一致。

让别人的情绪体验和我们一致，有什么好处呢？

好处之一，就是心理平衡。

嫉妒是人类很原始的情感之一。某一天，有一个人很幸运地遇见了上帝，上帝对他说："从现在起，我可以满足你任何愿望，但同时，你的邻居会得到双份。"那人听了之后非常开心，但仔细一想又非常不爽：要是我得到一箱金子，那邻居就会得到两箱；要是我娶到一个老婆，那邻居就会娶到两个老婆！这人想来想去，实在不知该提出什么愿望，因为他实在不甘心邻居比自己得到的更多。最后，他咬咬牙对上帝说："万能的主啊，请挖去我一只眼珠吧！"

我们内在有很多委屈、孤独、压抑、焦虑，而对方却很得意、享受、嚣张，这让我们很不爽。我们就会很本能地想搞一下破坏，希望对方的愉悦值降下来，跟我们一样糟糕。

理 解 愤 怒

社会上就有这样一些人：自己得了传染病，就要去传染给别人；自己受了伤，就要拉上别人。从道德层面上来说，他们是真的坏。但从他们的内心深处来说，他们委屈、失落、苦楚却无人问津，所以他们选择了这种极端的方式让别人也体验一下自己的感受，这样他们的心理就会平衡多了。

如果你想安抚一个人的愤怒，你要知道：不要在他面前表现出任何开心、轻松、得意的神情，你要尽量把自己的情绪调整到跟他一样，才能有共鸣。

但是如果你想升级一个人的愤怒，你只需要告诉他这句话："我就是喜欢看你不开心的样子，这样我就更开心了！哈哈哈哈哈！"

/ 我需要你看见 /

你的情绪跟我一样之后，就有了第二个好处：对方可以从自己的世界走出来了，能看见我了。

当对方沉浸在令人愉悦的事情里时，他对我是忽视的。我在拖地，他却在看电视，那他就是没有看到我。我在辛苦地给孩子辅导作业，孩子却沉浸在无所谓的感觉里，这对我来说是非常大的忽视。

我需要你看见，那我就只好使用愤怒的手段，强行把你从你的愉悦感里拉出来。因为这样潜意识里就会觉得：我打断你正在做的事，停止你愉悦的情绪，这样你就能看见我了。

/ 我需要你的理解 /

你看见我后，我就有了被理解的可能性。当一个人在愤怒的时候，是非常渴望被理解的。所以，被理解，是在你的情绪跟我一样之后的第三个好处。

一位同学说："我老板是一个脾气很暴燥的人，经常针对我，给我贴标签，还恶意评判我。"在这位同学愤怒的背后，他的内在感受是"委屈"，他很希望老板能理解自己的委屈。

他为什么会委屈呢？外在的原因，是老板脾气暴躁。其实如果他上班的状态是整天都在混日子，老板恶意评判他，他也不会有那么多委屈。他愤怒的内在原因，是明明自己在工作中非常努力，还被老板恶意评判，这就会让人感到非常委屈了。那么他为什么要这么努力呢？一方面，当然是为自己的前途着想，但也不妨碍另一方面是在为老板的利益着想，所以他很希望听到老板可以这样说："你为公司付出了这么多，辛苦了。"

这句话可以马上治愈他的愤怒。如果他能学会表达的话，也可以直接对老板说："我每天都特别尽心地在工作，希望公司能发展得更好。这时候你还批评我，会让我感到非常委屈。"通过这样的表达，很大概率也会获得老板的理解，让自己好受一些。但他什么都没说，他只表现出愤怒，默默地愤怒着。他是在使用愤怒对老板提出要求："我做人很善良，尽心尽力工作，你做人也要善良，要客观评价员工！"

理解愤怒

当然，他可能连表达愤怒的勇气都没有，但这并不影响他会传递这样的信息："你也要体验一下对人善良却不被别人看见的委屈感。"

我们的内在之所以会体验到不被理解，是因为别人跟我们的经验不同，我们的感受是不同的。一个兴奋的人，没有办法理解一个低迷的人。一个放松的人，没有办法理解一个焦虑的人。一个敢于重视自己的人，没有办法理解一个不敢重视自己的人。

所以我们经常说：你都没有体验过我的经历，是无法理解我的。那反过来，也就是在说：如果你有了我的经历，不就能够理解我了吗？

当我心里难受的时候，需要你的理解，我就要想办法让你的感受跟我一样。我怎么对待自己，我就要怎么对待你，让你有跟我同样的体验，同样的感受，这样你就能够切身体会到我的感受了。

所以愤怒，其实是在说："我要你跟我有一样的感受，这样你就能理解我了。"

我焦虑，我就催你，直到你也焦虑；我紧张，我就吓唬你，直到你也紧张起来；我活得小心翼翼，不敢犯错，我就在你犯错的时候，使劲地夸大后果，让你也变得小心翼翼；当你也焦虑的时候，你就知道我过的是什么样的生活了。

所以你想安抚一个人的愤怒，就要去看见他的难受，并告诉他："我知道你现在很委屈，很焦虑，很伤心，很……我想为你做的是……"

如果你想伤害他，你就可以在看到他背后脆弱的情感后，大声告诉他："我知道你现在不开心，但我决定，我就是不要管你。"

/ 我想跟你亲密 /

被理解最大的好处，就是可以不孤单了。这也是你与我情绪一致的第四个好处：亲密。

我受苦，也得拉着你一起受苦，这样我就会觉得我不是一个人在受苦，我并不孤单。当你受苦的时候，有人跟你一起受苦；当你享乐的时候，有人跟你一起享乐；当你吃汉堡的时候，有人陪你吃汉堡；当你喝可乐的时候，有人陪你喝可乐。这是多么的幸福的体验啊。

人有很多的看不得：看不得别人闲着，看不得别人轻松，看不得别人重视自身，看不得别人骄傲……这些看不得其实都在说："你应该跟我的感受一致，只有我们感受一致的时候，我就感觉我们没有距离了。"毕竟，在愤怒的人看来，两个人痛苦比一个人痛苦，好受多了。

因此，愤怒其实也是对爱的渴望。

"嫉妒"两个字，一直以来以一种负面感情色彩储存在人类的字典里，是不大度、没有容忍心、计较的代名词。实际上，嫉妒具有非常强的生存意义，它的生存意义就是"求爱"。

"我不能比你差，不能比你落后，这样我才安全。你必须跟我一样差，一样难过，这样我才能被爱。"

思考与表达

　　写下你的一次愤怒经历。是对谁产生的愤怒？发生了什么？或者直接使用前面的愤怒案例。

1. 这次愤怒的背后，还有哪些隐藏的其他脆弱的感受？
2. 尝试在心里或在现实中向他表达：

    我内在的感觉是 _____，我希望你也可以感觉到 _____。

    如果你也感觉到 _____，我就感到自己没那么难受了。

    如果你也感觉到 _____，我就感觉你能懂我了。

    如果你也感觉到 _____，我就感觉没那么孤单了。

3. 当你这么表达的时候，你内在的感受是什么？

谁惹你生气，
你就向谁学习

/ 如何让自己更轻松快乐？ /

当你学会放过自己，你就能掌握一个特别厉害、能根治自己愤怒的方法：向他学习。表达得更清晰一些就是：以彼之道，还施彼身。

你之所以对一个人愤怒，是因为你在强迫自己，而对方却没有强迫自己。你那么努力、那么辛苦，他却袖手旁观。你不接纳这样的自己，他却很坦然地接纳了自己。然后，你就看不下去了。这时候，你试图解决自己的愤怒，你希望他跟你一样，也强迫自己、不接纳自己、让自己辛苦，这样你就能心理平衡了。

但运用这个方式有一个坏处：失败的概率比较大，可能会使你更加愤怒。其实除此之外，你还可以有另外一个更好的解决方法：向他学习——如何不强迫自己，如何更轻松快乐。

是的，那些让你愤怒的人，正是值得你学习的对象。

前面我们说过，你想要对方与你亲密，你就会想把对方的情绪拉低到和你一样，这样你们就可以连接起来，心理上就是一致的了。实际上，要实现这样的一致，有两个方法：其一是让他的

理 解 愤 怒

情绪跟你一样低落,其二则是你可以跟他一样开心。去做那些你不敢做的事、你看不上的事、你不想做的事,那些事情,其实会让你变得开心放松。

/ 向对方学习控制 /

一位同学说:"母亲总是干涉我该不该给奶奶钱,该不该买礼物给叔叔以及堂妹等亲戚,给少了她不满意,给多了她会更愤怒。我不听她的,她就卖惨,说白养了我。"我们先看看这位同学给妈妈贴的标签:干涉和控制。

要解决自己的愤怒,妈妈其实就是你最好的老师。妈妈是在教育你:你是可以控制别人的。你可以直接"抄袭"妈妈的作业。比如说,控制妈妈。她控制你、干涉你,你也可以控制她、干涉她啊。你年轻力壮,她已步入暮年,论体力、论能量、论持久力,你都不会是输的那方。更何况,你们争夺的是关于你的控制权,在你的地盘上,你拥有更大的优势。所以,她干涉你的钱,你就干涉她的干涉,你一定能赢。

然后你就能享受干涉成功的喜悦,而非体验被干涉的愤怒了。

然而,这对你来说很困难,因为你对自己还有一个要求:我要做一个尊重别人的人,包括我的妈妈。

所以你的愤怒其实是在说:

你必须要像我尊重你一样尊重我!

> 我自己尊重别人很压抑，你凭什么享受！
> 你必须要向我学习尊重别人，你必须也感觉到委屈！
> 这样你就跟我一样了！我心理就平衡了！

可是，你干吗非要强迫自己尊重妈妈呢？干吗非要强迫自己不跟妈妈顶嘴呢？跟她学着点，不好吗？

/ 向对方学习不作为 /

还有一位同学说："我生完孩子后，老公什么都不管，我完全成了丧偶式育儿。在我愤怒地指责他不作为后，他赌气抛下我跟孩子住到了乡下婆婆家，对家里的事直接就不管不问了，这让我更愤怒了。"

我听到这个故事的时候是很惊讶的，因为这位老公做得的确很过分。但在老公无法被改变的前提下，我们就需要为自己的愤怒负点责任，为自己做点什么。

这位同学给老公贴的标签是：不作为。她希望通过愤怒的方式来实现让老公"有所作为"。然而愤怒这个方法失效了，老公不仅不作为，还直接从这个家离开了。

我们来想想，她为什么希望老公有所作为，来管孩子呢？

我知道有些妈妈的愤怒，跟这位同学的愤怒是完全相反的，她们很介意老公、婆婆过度地管孩子。以至于她们想要抱抱自己的孩子都得靠"抢"，她们最大的愿望是这些人都别作为了，让

理解愤怒

她自己一个人带孩子，跟孩子亲近。对她们来说，带孩子是一种享受。

那这位同学为什么要求老公在带孩子这件事上有所作为呢？在观点层面上，她觉得照顾孩子是父亲应尽的义务；在感受层面上，则是因为她自己管得太累了，有点力不从心了。她的身体已经在拒绝了，但她还在强迫自己去做这件事。

她为什么要强迫自己呢？意识层面上，因为孩子需要有人照顾；但潜意识层面上，她是在要求自己是个有作为的母亲。我问询了一些细节后，惊讶地发现：这位妈妈没有用尿不湿，因为害怕尿不湿会捂坏孩子的屁股，所以直接换用尿布，每天夜里隔一会儿就摸摸孩子的屁股，看看有没有尿湿尿布，以至于她整夜都无法睡好。这些事情虽然很累，但却让她感到自己是个有所作为、尽心尽力的好妈妈。

在这样一个有作为的背景下，她对老公的愤怒就变成了这样：

> 你必须要跟我一样有所作为！
> 我一个人有所作为真的很辛苦，你凭什么享受！
> 你必须要向我学习也有所作为，也感觉到累！
> 这样你就能理解我了！我心理就平衡了！

而老公完全无法理解这种"有所作为"，觉得反正你自己带得这么用心，也不用我管。很多男人都是这样，他们认为家里的活反正有人干，根本用不着我。

想要解决此愤怒，其实就是像老公学习一点不作为。并不是像他那样扔下孩子直接走，而是能少做就少做。该换尿不湿就换，虽然可能会捂孩子的屁股但自己会轻松一些；该安心睡觉就安心睡觉，孩子不舒服了自然会用哭声提醒你。实在不行，就请阿姨、请婆婆等能有所作为的人来帮忙，这些方法都可以让自己没那么"有所作为"。

当你能让自己轻松地照顾孩子时，你就放过了自己；放过了自己，你也就不会这么容易愤怒了。而且从现实层面上来说，不那么"有所作为"地带孩子，比照顾到位，对孩子来讲要好得多。

/ 向对方学习否定 /

还有一位同学说："我的领导总是否定我，一点都不考虑我的感受，让我很生气。我都做得那么努力了，他为什么还要否定我？"这位同学给领导贴的标签是"否定我"，而他对于被否定很愤怒。意思就是说：

> 你不能否定我。
> 你应该忍住你想表达的话，考虑一下我的感受。
> 你应该把我的感受放在第一位，把你自己的感受放到第二位。

理解愤怒

通过这样的控制,你可以让领导也跟自己一样,体验到那种有话不能说的委屈感。是的,当这位同学对领导愤怒的时候,其实他内心有很多话想说但又不敢说。最明显的就是他对领导的否定,他很想去否定,觉得领导对自己的否定是不对的。那你就告诉领导啊,既然你觉得他的否定是错的、不应该的,为什么不直接跟领导说呢?他否定了你的工作,你也可以去否定他的否定呀。

当你否定的力度比领导更大、理由更充分的时候,领导就得忙着招架你,根本就没有还手之力,这时候你不就不愤怒了吗?

所以,要解决对领导的否定的愤怒问题,答案之一就是向他学习,学习如何坦然地否定对方。是你自己不敢否定对方,却要来指责对方不应该否定你。

这时候有些同学就会提出疑问:"那可是领导啊!这么光明正大否定他,会丢工作的!"如果只是因为你提出不同意见领导就让你丢了工作,那可不是你否定领导导致的,很有可能是你本身就没有能力,早就该被辞退了。一般有工作能力的人,是完全可以跟领导平等交流的。

/ 放下偏见向对方学习 /

愤怒的人是在教你看见:你不懂得放过自己。他在现身说法,教你如何放过自己。听到这里,你可能难以苟同:这不就是比谁更任性吗?是的。一个人越是不敢任性,他对自己的要求就越多，会觉得这也不能做、那也不能做。然后他对那些敢于任性的人，就愤怒了。

这是一句经典的俗语：好人不长寿，祸害遗千年。放在这个语境里，意思就是：非常照顾规则的人，会不停地压抑自己，看到那些不压抑自己的人总是很生气。而那些灵活的人，会把规则放在第二位，把自己的感受放在第一位，所以他们不压抑自己，总是在气别人。

一个总是在生别人的气，一个总是在让别人生气。一个总是在压抑自己，一个总是在表达自己。你说哪个人活得更长久？放得下，看得开，豁得出去，本来就是健康长寿的秘诀。

有人觉得这样做很困难。他们的认知是"如果我像他那么任性，那不就太糟糕了吗？"人会找很多理由告诉自己不能这样做、不能那样做。其实不是的，我在下一章会详细展开探讨其中的原因。现在，我先邀请你用现实检验一下：

> 对方这么任性地在做坏人，他是怎么活下来的？他活得比你差吗？
>
> 你不好奇为什么他这么任性，做得这么差，却活得不比你差，真的是他的问题吗？

放下偏见，向对方学习，比对方更能豁得出去，就是化解愤怒的终极法宝。

思考与表达

写下你的一次愤怒经历。是对谁产生的愤怒？发生了什么？或者直接使用前面的愤怒案例。

1. 在这次愤怒中，对方没有的禁忌是什么？你的禁忌是什么？
2. 你可以向对方学习什么？你该怎么向他学习？
3. 你的顾虑是什么？你该如何化解这个顾虑？

难受是故意的:
负面情绪是对父母的忠诚

/ 难受是故意的 /

前面提到,愤怒是一种对亲密的需求。愤怒是希望两个人的情绪状态一致。其实,达到一致有两个方法:

- 向你愤怒的对象学习,跟他一样懂得放过自己,实现轻松快乐。
- 要求对方跟你学习,跟你一样学会强迫自己,实现委屈压抑。

然而你会发现人很难选择第一种,他会有各种理由不允许自己轻松快乐。他宁愿沉浸在自己的负面情绪里,也不愿意走出来。因为对一个人来说,意识层面上,他是很想快乐的,但在潜意识层面上,他却想体验负面情绪。比如说,你想体验委屈的感觉,那你就要在面对不公平待遇时保持沉默,一个人忍着;你想体验孤独的感觉,你就渴望依赖一个人,渴望到超出他能被你依赖的程度;你想体验挫败感,你就给自己设置一个根本达不到的

理解愤怒

目标。你想体验某种情绪，去做相应的事情就可以了。

一位同学说："我被公司要求加入一个强度非常大的项目，虽然是在家办公，但几乎是007[1]的状态，光是工作就已经让我非常非常疲惫。而我的孩子两岁半，正是需要父母的时候。我又实在分身乏术，就一再嘱咐老公让他多陪陪孩子。在我吃着晚饭还开着远程会议的时候，我的老公陪着孩子玩了十分钟就趴在床上打瞌睡去了！"

这位同学的愤怒其实是在说："我已经这么累，你为什么还这么不给力。我在工作这么紧张的情况下还要为这个家操心和付出，我真的很累、很委屈、很孤单。"

是什么让她这么委屈？外在原因是老公的不作为，不能尽到相应的义务和责任，这是老公的失职。同时内在原因是，自己因为工作已经筋疲力尽了。

这时候要解决此愤怒，有两个思考维度：想办法让老公尽到家庭的义务和减少自己的筋疲力尽感。加强老公的家庭责任感，让老公承担更多非常有必要，但也是一个相对长期的过程。除了这部分，我们还有更即时的第二个路径：为什么老公能趴在床上睡觉，自己却要让自己筋疲力尽呢？我们应该想办法照顾好自己。

客观原因上看，是因为这位同学加入了一个强度非常大的项

---

[1] 上班时间为当日0点到次日0点，一周七天不休息。这个数字的表达是为了突出工作的不定时性，以及资本对人的一种剥削，提到时一般偏贬义。——编者注

目,以至于到了 007 的状态。主观上则有一部分是因为自己的上进心和恐惧,她要求自己必须要配合领导完成相应的工作,必须要承担好这部分责任。无论我的身体多么疲惫,我都不能拒绝。

因此,这位同学的潜意识里有一个动力就是:工作比我重要,工作比我的身体重要、比我的感受重要,我要为了它全力以赴。这种状态下,如果工作还不能给自己相应的回报,那么人就容易感觉到委屈。

当她看到老公却非常放松不委屈自己时,她就愤怒了。她希望老公能跟自己一样勤勉到有委屈感而不是只顾自己轻松。

/ 情绪的传递 /

人故意体验负面情绪是有意义的。最大的意义,就是这些情绪是与父母连接的。当一个人体验到负面情绪的时候虽然痛苦,但潜意识的某一部分却是踏实的,那种感觉就像是跟父母还在一起一样踏实。

一个人在愤怒中所体验到的委屈、挫败、孤独,其实与他的父母经常体验到的情绪是一样的。如果你常体验到某种负面情绪,那基本上可以推断:你的父母也过着与你类似的生活,也经常感受跟你一样的情绪。

对这位做着 007 工作的同学来说,她小时候,爸爸妈妈做着好几份工作,根本就没有时间陪她。她要接受 007 的工作安排,让自己处于超负荷的状态;父母也是接受了好几份工作,处于超负荷的状态。这样，他们体验了一致的感觉——孤军奋战的累和委屈。

父母把自己忙到没时间管孩子，不仅仅是对孩子的忽视，在孩子不争气的时候也会体验到委屈。父母先把自己累着，然后看到孩子的时候就会生发出一种埋怨："我这么辛苦地为你付出，你怎么就不知道体谅我呢？"孩子也会莫名其妙地感到委屈："我好好的，怎么就被你骂了呢？"直到这个孩子也学会自己主动找事干，让自己的情绪跟父母保持一致，他才感觉到踏实。

如此，便完成了情绪的传递。

这样一家人，通过使自己忙碌劳累、责怪别人不体谅自己而感到委屈来完成彼此的连接。

/ 负面情绪才是安全的 /

人在出生时虽然会哭，但还是快乐的。你看小婴儿对世界充满着新奇感，虽然偶尔也会感到害怕，但有妈妈的庇护和爸爸的帮助，他就充满了力量，不再那么害怕了。

父母天生就是爱孩子的，在孩子困难的时候给予帮助，害怕的时候给予安抚，不开心的时候逗他开心。当然，这一切的前提是建立在父母人格完善的基础上。

实际上，父母状态好的时候，的确愿意给予孩子各种爱。当父母自己过得并不是很好时，他们有很多无法表达的情绪，并会把这些情绪带到家里来，传递到孩子身上。比如说，父母在亲戚邻居面前体验到了自卑,他内在就生出了很多想超越别人的冲动,这时候,他们回到家里看到还在贪玩的孩子,就会有一股愤怒袭上心头,觉得孩子怎么这么不争气,骂孩子"没用",直到孩子也体验到自卑,不敢再放肆玩为止。

有些父母会因为疲于生活而充满焦虑,看到孩子还在贪玩时,也会愤怒,他们会催着孩子赶紧去干活,直到孩子也焦虑地找各种事情做他们才满意。

对孩子来说,在面对父母的负面情绪时,他没有任何的抵抗能力,只能被动地被传染。因为父母常有的负面情绪是相对稳定的,于是孩子常有的负面情绪也会变得稳定。对小孩来说,如果有了跟父母不一样的情绪是危险的。你可以想象:如果你的父母很焦虑,觉得自己不够好,而你坦然接纳了自己的不够好,那是一种什么样的感觉?如果你的父母焦虑又忙碌,你却坦然而悠闲,你会被怎样对待?如果你的父母每天都在抱怨,你却没心没肺地乐观着,你们之间会发生什么?

如果一个孩子的情绪跟父母不一致,他很有可能会被惩罚。所以,生活在父母的负面情绪之下,保持不开心,对他来说才是安全的。

/ 反思你的负面情绪 /

当一个人长大后,如果不去觉察,他就会保留这种情绪习惯。正如电影《肖申克的救赎》里所描述的围墙:一开始,你抗拒它，它限制了你的自由，慢慢地你就会习惯它，跟它相处。日子久了，你会发现你离不开它了。

负面情绪就是这样，小时候由父母所传递，一开始你会抗拒，觉得他们这样对你是不对的。后来慢慢地，不需要父母再传递，你已经将情绪内化了。

负面情绪一旦稳定，就会成为一种习惯。在长大的过程中，人会时时刻刻保持这种习惯，因为这代表了曾经的安全。要剥离这种情绪，实际上就是要看到它的来源，然后再进行剥离。愤怒的时候，你可以先有一个观察：此刻，你内在脆弱的情绪是什么？它对你来说是熟悉的吗？你还在哪些时候有过这些情绪？

然后你会渐渐意识到，这个情绪不仅仅是这件事中单独存有的，而且也不止存在了一天两天、一次两次，它是你经常会有的一个情绪。

接着问自己：你的父母也体验过这种情绪吗？他们在什么时候会体验到这种情绪？他们又是怎么把这种情绪传递给你的？

而后你可以做个决定：你是否要把这个情绪还给他们。你替他们背负了这么多年此类的负面情绪，你想什么时候还给他们，去选择你自己的情绪，实现情绪自由呢？

思考与表达

写下你的一次愤怒经历。是对谁产生的愤怒？

发生了什么？或者直接使用前面的愤怒案例。

1. 找到这次愤怒中，你背后体验到的脆弱情绪是什么？
2. 你还在哪些事情中体验过这种情绪？
3. 你的父母在什么时候有过这种情绪？
4. 他们是怎么向你传递这种情绪的？
5. 现在你想怎么处理自己的这种情绪呢？

06

恐惧：
因为我很担心，
所以我不能那么做

愤怒是一种理性：
越理性，越易怒

/ 两个原则 /

人在做事的时候，会遵循两个不同的原则：

- 舒适原则。
- 正确原则。

使用舒适原则的人，做事情的时候会以自己的感受是否愉悦、轻松和舒适为标准去做决定。当一件事让他们感受舒适的时候，即使这件事不正确，但只要代价能承受，他们也会去做；而当这件事让他们感觉到不舒适的时候，即使这件事是正确的，他们也不会去做。

而使用正确原则的人，做事情的时候则会以是否正确、合适和恰当为标准去做决定。当他们认为一件事正确的时候，即使感受到不舒适他们也会去做；而当这件事让他们觉得不正确的时候，即使他们的感觉是舒适的，他们也不会去做。

比如说追剧这件事。使用舒适原则做事的人，会去追剧，看得开心、过瘾，甚至痴迷的时候，会追到夜里两三点，或者更晚，因为根本停不下来。即使理性告诉他们：该停了，明天还得工作。但他们的感受依然会反驳理性：不，你不想停。于是他们会一直持续追剧的行为，直到身体非常疲惫，对电视剧已经没什么感觉了，才去睡觉。

使用正确原则做事的人，也会追剧。不过他们从一开始就非常克制，因为长时间追剧这件事在他们看来是堕落的、没有价值的。当他们追剧到正常睡觉时间的时候，会因为第二天要上班、晚睡影响健康等理由及时停止。即使他们的感觉还是很澎湃，还想再过过瘾，但是他们也会停止。即使没控制住也会自责，因为他们认为那样做是不对的。

/ 两者的关系 /

但实际上，人的内心是复杂的，会同时使用舒适原则和正确原则。这两个原则就像是我们工具箱里的两个工具，在做决定的时候，两个原则都想参与决定，最终却只有一个能行使决定权。

举个例子，假如你的妈妈特别爱控制你，总是告诉你该做这个不该做那个。使用舒适原则的人，会做一些事情来保护自己的感受。比如用顶嘴、反驳、大声呵斥、威胁等方式来阻止这种控制，他们速战速决，不会让自己纠缠太久。当自己的能力不足以敌对妈妈的控制时，他们就会选择远离，甚至不与她联系，来让自己的感受舒适一些。舒适原则为他们做了决定，但正确原则又会让他们体验到自责、内疚，觉得自己可能做得有点过分，这或许不是一个正确的选择。

而使用正确原则的人，则会做一些让自己觉得正确但又会感觉到委屈的事。比如违背自己的意志去做一些不想做的事，这些事要以"不伤害妈妈""要孝顺"等原则为基础。而做这样的事情，又会让他们感觉到不舒服，他们也想维护自己的感受。但即使维护感受，也要在保证"正确"的基础上做维护。

舒适原则和正确原则并不是绝对冲突的关系。有些事情是既正确又舒适的，比如说，二十多岁的时候谈恋爱，既正确又让人愉悦；再比如，做喜欢的工作，不仅开心，还有利益收获。而有些事情则是既不舒适又不正确的，比如大冬天去裸奔，既冷又不文明，这类事你压根不会去做。

但在很多事情上，这两者会产生冲突。比如坚持健身、某些加班、跟讨厌的领导做报告，这些事正确但痛苦。这时候，不同的人有不同的表现，有些人会依据舒适原则去放弃，有些人则会依据正确原则去坚持。

当这两个原则发生冲突的时候，对你来说，更重要的那个，就会引导你做出相应的决定。

/ 两个驱动力 /

舒适原则和正确原则对应的是两种不同的驱动力：

- *感受驱动。*
- *理性驱动。*

使用舒适原则的人，是被感受驱动的，也就是当他们做决定时，身体的感受会告诉他们，怎么做会让他们更舒服；使用正确原则的人，是受理性驱动的，也就是当他们做决定时，他们的大脑会告诉他们，怎么做是正确的。

同样一件事，对不同的人，在不同时候，会有不同的驱动力。比如说社交，对感受驱动型的人来说，会因为孤独、寂寞、无聊等感受主动去做；对理性驱动型的人来说，他们则是为了某些现实目的和利益等他们认为是"正确"的原因去做。比如说做家务，有些人享受家务，做家务可以为其带来极大的满足感和成就感；有些人则会因为"地板一定要保持干净"这一理性要求而去做。

同样的一件事，同一个人，在不同的时候，可能也会使用不同的驱动力。有很多事情，在一开始的时候，你是非常喜欢做的，充满激情，并感受到轻松和快乐，这时候你是被感受驱动的。但做着做着，你会消耗，感到累，就会遇到挫折而想退缩，这时候你的理性可能会告诉你：不应该放弃，应该坚持，所以这时候就变成了受理性驱动。

最典型的应该就是感情和婚姻了。最初你跟一个人在一起时是非常享受的，日思夜念，这时候就是被感受驱动。但是在一起久了，你会发现他很烦人、很黏人、脾气很暴躁，就不想跟他相处了，但你因为"应该负责任""不应该伤害他""应该从一而终"

等理性原因强迫自己继续跟他相处。

/ 两种后果 /

较多使用舒适原则的人，会活得比较轻松自在，因为他不会为难自己。他们懂得及时疏解自己的压力，能够维护自己的感受，不太会让自己不舒适，这时候，他们的心理承受力也会大很多。虽然他们也许看起来自私、任性、不靠谱，但这不影响他们善良、温柔、幽默、阳光、有个性，依然被很多人喜欢。

而较多使用正确原则的人，会活得比较辛苦、压抑，因为他太会为难自己了。他的内耗非常厉害，心理能量很容易枯竭。这样的人会经常让自己的内心处于一种饱和的状态，对刺激的承受能力相对较低，也会更容易愤怒。他们看起来往往正经、严肃、博学，在现实中也会非常优秀、靠谱，所以也会被很多人喜欢。

是的，无论你成为什么样的人，都会被很多人喜欢。你坚持你的活法，就是在做你自己。

遗憾的是有些人总是摇摆不定，一会儿责怪自己以感受为先，一会儿又觉得太理性不好。他们会花费大量的时间，消耗在到底应该以哪个原则为准这件事上。

/ 怎么判断？ /

其实容易愤怒的人，是因为内在的规则太多，对自己的要求太多。一个人对自己的要求越多、越细，他内在的消耗就越快、越容易枯竭。对外投射出去，就体现在他对别人的控制也会很多，要求别人也得像他一样，理性地生活。

所以，容易愤怒的人，其实是原则性很强的人，他们非常理性，会要求身边的人、新闻里的人、陌生人都遵守规则。所以当看到毫不相干的人做了违背他们原则的事，也会愤怒。

这就形成了一个很有趣的现象：使用正确原则的人，会对使用舒适原则的人愤怒。而使用舒适原则的人，却不会对使用正确原则的人愤怒。

那如何判断你的生活是以哪个原则为主呢？当你做决定的时候，可以感受一下：你是以让自己舒适、轻松、快乐、享受为主，还是以做得正确、利益最大化为主？做这件事，你是忍不住想去做，还是觉得应该这样才去做呢？

如果你判断不出来，你还可以这么问自己：如果你可以不计后果地尽情选择，你还会去做吗？这时候如果你还选择去做，就是被感受驱动；如果选择不做，就是受理性驱动。

我猜很多人会喜欢让人不爽但又正确的原则。你可能会问：人为什么那么傻，喜欢大量地遵循正确原则，使用理性去驱动？人为什么要自虐地去压抑自己呢？多使用快乐原则，人不就不愤怒了吗？

这是因为使用正确原则来压抑自己的感受，是有很多好处的。

思考与表达

写下你的一次愤怒经历。是对谁产生的愤怒？发生了什么？或者直接使用前面的愤怒案例。

1. 在你的愤怒中，你是怎么正确但不舒适的？对方是怎么舒适但不正确的？
2. 试着大声读出下面的话：

    我做 _____ 虽然不舒服，但是正确！

    你做 _____ 虽然舒服，但是不正确！

    你要跟我一样，选择正确！不能选择舒服！
3. 这个过程带给你的感受是什么样的？

愤怒是一种恐惧：
我理性，因为我害怕失控

/ 理性最大的好处，就是避免失控 /

愤怒的人要求自己理性生活，同时也要求别人理性生活，但却很少会停下来思考：为什么非要理性地生活？

比如说：

> 愤怒的人觉得人就是应该上进。但人为什么要上进呢？
> 愤怒的人觉得人就是应该负责任。但人为什么要负责任呢？
> 愤怒的人觉得人就是应该尊重别人、不能控制别人。但人为什么要这么做呢？

愤怒的人一直在提要求。可是人为什么要不断地给自己设置限制、建立牢笼，然后要求自己去遵守这些规则呢？使用舒适原则，潇洒自在地活着，不好吗？

在愤怒者的眼里，他们乐此不疲地给自己设置限制的最大好处，就是有自我控制的快感。在他们的想象里，如果不随时保持理性，那么现实就会失控，就会出现无法承受的后果。他们的潜

理 解 愤 怒

意识会认为：真实的自己是一头洪水猛兽，一旦给它自由，它将把自己导向一个非常糟糕的结果，所以他们必须要发展出理性来控制自己。

/ 每个人都有三个"我" /

弗洛伊德把人的内在分成三个部分：本我、自我和超我。也就是说，每个人都有三个"我"。

本我，遵循的是舒适原则，使用的是感受驱动。本我想要逃避一切让人痛苦的事情，想做一切让人愉悦的事情：自由自在，任性妄为。

超我，就是人后天学习到的生存法则，遵循的是正确原则，使用的是理性驱动：你只有做正确的事，才能获得安全感。

因此，人活着就成了这样：

本我说："我不要负责任，我不要认真地做事，这样生活简直是太爽了！"超我说："你必须要负责任，你必须要认真做事，你不能为过得爽活着，你应该为过得正确活着！"

超我就是一个督查官，随时在禁止本我兴风作浪。这两者总是在相互拉扯、战斗，也就形成了表现出来的综合结果，就是你现在的样子：自我。

所以，别看你每天什么都没干，其实你的体内，随时有两个战士在不停地打架。

愤怒的人，其实就是超我过于强大了。

一个人的超我越强，他的禁忌就越多，他对别人的禁忌和要求也会同样多。可是别人的超我没有他的强大，也就没有他那么强迫自己。这时候，愤怒的人就会看不得别人这么不强迫自己，他就愤怒了。

超我就像是药物一样，它的存在本来是为了抑制病菌，保护人类，但同时，它也在伤害身体，让人丧失一部分生命力。

/ 理性背后的恐惧 /

理性的本质，是防御恐惧。那么人的理性到底是在恐惧什么呢？

比如说，有些人对自己的要求是上进，但是，如果自己不上进会怎样呢？他的潜意识就会自动进行一系列加工：如果我不上进，我就不优秀；如果我不优秀，我就会被社会淘汰；如果我被社会淘汰，我就活不下去了。

或者也会这样想：如果我不上进，我就不优秀；如果我不优秀，我就会很普通很平凡；如果我很普通很平凡，就没有人喜欢我了。

所以，在他看来，不上进就是活不下去或者没人喜欢。这个后果，可比不舒服严重多了。

同样的，如果一个人不负责任，会怎样呢？

愤怒者的逻辑是这样的：如果我对孩子不负责任，我就会伤害到孩子；如果我伤害到孩子，孩子将来就会怨我；孩子怨我，

理 解 愤 怒

我就是一个失败的妈妈；我是一个失败的妈妈，就说明我这个人很无能；我很无能，我就觉得自己活不下去了。

同样的，如果一个人上班迟到会怎么样呢？

愤怒者的逻辑是这样的：如果我迟到，领导就会对我有意见，会觉得我不靠谱，不会把重要的工作交给我；我不做重要的工作，就会被边缘化，甚至被淘汰；我被淘汰就会失去工作，没有收入；就会没有饭吃，就会……活不下去了。

还有，人为什么要照顾别人的感受？因为，我不照顾别人的感受，别人就会受伤害；别人受到伤害，就不会喜欢我了；别人不喜欢我，我就会活得很孤独。

/ 没有爱就活不下去 /

每个人的逻辑加工都不一样。但你反复去问他："那会怎样？""为什么不能？"的时候，你就会得到一个终极答案："没有人爱，就活不下去。"

在潜意识里，虽然舒服很重要，轻松很重要，但是比这些更重要的事情就是：活下去！

我们之所以不厌其烦地压抑自己，一而再地委屈、强迫自己，一定要去做那些我们其实根本不想做的事，一定要上进、要照顾别人、要努力、要优秀，放弃轻松，去做这些正确的事，执行这些正确的规定，是因为我们还想活啊！这么大的动力，还有什么是不能放弃、不能自我强迫的？

这也是潜意识里糟糕至极的逻辑：如果不这么做，就有特别糟糕、无法承受的后果出现。所以易怒的人，其实是因为内心太害怕了，他们很害怕自己没做好，害怕没做该做的，害怕做错了，就不被爱了，就活不下去了。他太害怕失控了，所以不得不对自己有很多的要求。

一个人内心深处有多恐惧，他外在就有多易怒。所以，当你愤怒的时候，你要先问问自己：

> 我对他的要求是什么？我对自己有没有这样的要求呢？
> 我为什么要对自己有这样的要求？
> 如果我违反了这个要求，后果是什么？

这时你就会感觉到，你对"不被爱""活不下去"是有多深的恐惧了。

/ 理解对方的恐惧 /

当一个人对你愤怒的时候，你就可以知道，他的内在其实有很多恐惧。这时候，你就可以去观察他对你的要求，并跟他探讨："你为什么要这么做？如果你不这么做会怎样呢？"

有一位同学说："前夫对孩子以外的人提供各种帮助，对孩子却很少陪伴，这样的做法让我很愤怒。"

这位同学对前夫的要求是：一定要对孩子有足够的陪伴。那么，她对自己的要求也同样是：一定要给孩子足够的陪伴。

假如你是她的前夫，你就可以去好奇：她的恐惧是什么？如果她不去做这件正确的事，对她来说会有什么样的后果？

这时你会发现，她之所以要求自己给孩子很多陪伴，是因为她觉得孩子是脆弱的。如果陪伴不够，孩子就会有创伤；如果孩子有创伤，他的心理就会不健康，人格就会有缺陷。等他长大后，会受到很多挫折，吃很多苦，他将来的生活，就会过得很艰难。

然后你就知道，这位母亲之所以这么愤怒，是因为她把没有给予孩子足够的倾听和关爱，联想到孩子将来会过得很艰难上去了。

这时候，如果你想安抚她的愤怒，可以尝试让她安心一点，让她知道："其实你不必这么焦虑，非要难为自己给孩子这么多的陪伴。即使很少陪伴，但陪伴有质量孩子将来也会过得很好。反过来说，强迫自己给出的陪伴，反而会给孩子带来压迫感。"

思考与表达

写下你的一次愤怒经历。是对谁产生的愤怒？发生了什么？或者直接使用前面的愤怒案例。

1. 从中找到一个你对自己的要求。比如"我对自己的要求是，我不能 A"，然后反复问自己：

   "如果 A，会怎样？"联想下去，不停问自己会怎样，直到最终不能再继续。

   比如说：

   如果我自私会怎样？

   如果我任性会怎样？

   如果我自以为是会怎样？

2. 写下来后，发现你内在的恐惧是什么了吗？这带给你什么样的感受？

愤怒是一种保护：
我希望你改变，以保护我，或者保护你

/ 愤怒，是想要保护 /

愤怒是一种惩罚，你错了就要接受惩罚，但惩罚从来不仅是惩罚，我们惩罚一个人的动机也会非常复杂。有的惩罚是毁灭性的，我们希望对方就地消失，希望剥夺其能力和意志，希望他丧失伤害别人的可能。有时候恨一个人，就是想狠狠惩罚他。比如说杀父之仇。有的惩罚则是在说，希望你改正，引以为戒，如果再不改，就会有很严重的后果。比如说父母、老师、伴侣对你的愤怒，那是一种恨铁不成钢的愤怒。

愤怒，就是"我希望你不要这么做"。如果你这么做，有两个后果：伤害我，或者伤害你。这时候我们就会期待出现一种愤怒机制，可以达到保护我，或者保护你的目的。

如果我优先识别到的是"你这么做会伤害我"，那我的愤怒就是在说："你这么做伤害了我。"这时候的愤怒其实是在保护自己。另一种可能，如果我优先识别到的是"这么做会伤害你"，我的愤怒则是在说："你这样做会伤害自己，我希望你变好。"这时候的愤怒就是在保护对方。因此，你可以通过识别机制来判断,此刻,你的愤怒属于哪一种。

比如说,你对一个路人乱插队的行为感到很愤怒,这时候你需要去识别,他乱插队影响了谁?影响你自己,还是影响别人,抑或影响插队者本人?如果你觉得路人这种行为影响了你,你可以直接对他表达:"我希望你改变,不要插队,这样你就可以保护好我的利益了。"如果你觉得插队的行为是影响了他,你也可以直接表达:"你这样是不道德的,如果一直这样会伤害你自己的。"

虽然这样的表达听起来没什么用,但你在愤怒的那一刻,还是希望对方可以妥协来保护你或者他自己。我们表达的目的,并非真的要对方改变,而是让自己看到你在做一件什么事。当你表达的时候,你也对自己真正的目的更加清晰,从而有了更好的解决方案。

有位妈妈对我说:"我的孩子不管是写作业还是考试,会的题都有可能做错,总是一种差不多就行的态度,这让我很愤怒。"我问她:"这种'差不多就行的态度'是一种什么样的态度呢?"她说是不认真。我们可以知道:这位妈妈对孩子的不认真很愤怒,她希望孩子做事情能认真。

那么,认真会怎样?不认真又会怎样?

"学习不认真,就会成绩不好,做事情不认真,就做不好事。作为学生,学习学不好,作为成人,做事做不好,那么你的竞争力就会很低,就容易被淘汰,会很难在社会上立足,甚至会很难活下去。"

所以这位妈妈的愤怒，其实是在为孩子的将来而焦虑。孩子的不认真，触发了妈妈对孩子未来的担心，妈妈希望孩子有一个轻松、幸福的未来。虽然我们未必同意这位妈妈的这套逻辑，但是就她的动机来看，她的愤怒是在表达利他，她希望保护自己的孩子。

很多时候我们为别人担心，无法直接表达，而选择用一种愤怒的方式。

/ 愤怒可以保护我，也可以保护你 /

愤怒不仅只保护我或只保护你，有时候也能既保护我又保护你。虽然你的行为对我造成了伤害，但如果你停止伤害行为，对你来说也是好的。我希望你为我好，我也希望你好。

一位同学的愤怒是这样的："老公总是挑我毛病，爱揪住一些小事来要求我。比如一回家就说我鞋没放好、衣服没挂整齐、出了厨房没关灯等等。"

这位同学给老公贴的标签是"挑剔"，对他的要求是"不能挑剔"，老公的挑剔对这位同学的伤害是显而易见的。于是我就问她："在你的想象中，老公总是挑剔，对他来说，会有什么不好的影响吗？"

她说："如果他那么爱挑剔，就会破坏我们的夫妻关系，我就想离开他。"

这位同学想阻止老公的挑剔，实际上也想阻止老公破坏他们的夫妻关系，阻止老公失去他亲爱的老婆。至于这位老公是不是真的在乎自己的老婆我们无从得知，重要的是，在这位同学的世界里，她觉得老公是在乎自己的，她可以用愤怒来保护他。否则，如果你觉得自己在老公心里一点地位都没有，你还会对他的挑剔愤怒吗？

但对老公来说，他挑剔的时候，想过这样做会失去自己心爱的老婆吗？

事实可能恰恰相反。老公在那一刻的想法可能是：我很确信你知道我爱你，我觉得我们的关系很安全，所以我才会放心大胆地挑剔你。

只要觉得关系足够安全，人就会自动去挑剔，这是潜意识决定的，不是他能控制的。"挑剔就会失去对方"是这位同学的个人想法，但在她老公的世界里，他对自己做法的理解可能是：我不会失去你，才会挑剔你。这位同学只能用自己的想法去理解老公，所以她保护老公的方式就是阻止老公去挑剔。

在这位同学的愤怒里，还有另外一个声音："我觉得如果他是一个爱挑剔的人，对他的人际关系也不是很好，这样下去，所有人都会不喜欢他的。"

所以在这次愤怒里，还有另外一层更深的爱：我想保护他的社会关系。

理解愤怒

/ 爱的两个角度 /

爱可以有两个角度来理解：

- 我付出了爱。
- 你接收到了爱。

从发出者来说，如果他的动机有利于一个人的行为，那就可以称是在"付出爱"。比如说，你要求孩子不要浪费，因为你觉得他养成节约的习惯更有利于生存；你要求员工加班，因为你觉得员工趁年轻要多为自己的未来拼搏；你要求伴侣负责任，因为你觉得维护家庭的和谐会对他后半生很有帮助。这些都可以称为爱。

从接收者来说，对方的付出构成了对你有利的结果，就可以称为"接收到爱"。比如说，你因为一个人的动作而感觉到更开心、更富足，那你就是在被爱。阳光给了你温暖，老板发给了你工资，老妈为你做了一顿早餐，这都是被爱的表现。你可能觉得这些都是应该的，但是这并不影响它也是爱啊，并不是多出来的才算是爱。

爱并不是因为"你爱我"所以"我被爱"的简单逻辑，而是我输出了某种行为，经过中间一系列复杂的加工到了你那里，然后你体验到了另外一种东西。所以你会经常遇到这种情况：我没

付出什么，对方感动得一塌糊涂。我付出很多，却惹得对方生气。

愤怒就是一种从发出者的角度来定义的爱。很多时候，我们在对别人的愤怒里，都有强烈的"我想拯救你"的情怀。虽然它的结果，常常会构成伤害，常常好心办了坏事。我们习惯只从结果去判断爱，觉得结果是伤害就不是爱，这其实对发出者很不公平，同时也是对发出者的一种理想化。

我的老师讲过一个故事：你在楼顶突然发现一个人想跳楼，他说："别过来，别报警，不然我就跳下去。"这时候你是过去拉他呢，还是站在原地呢？如果你过去，他跳了下去，这个结果是你造成的吗？如果你没有过去，他跳下去了，你会自责吗？

你行为的结果，很可能会构成伤害，但这并不应该否定你的动机是想表达爱。

当别人对你愤怒的时候，你可以看到，虽然他在伤害你，但其实他背后有一个爱你的动机。当你能感受到对方的爱时，你就会缓解对他的愤怒了。作为接收者，如果你不喜欢，可以说不，但你依然可以去感激他爱你的部分。你可以对他说："我知道你很心疼我，也看到你在努力地对我好，我很感激。但抱歉的是，我不能按你说的去做。"

/ 用表达担心替代愤怒 /

对愤怒者来说，他更容易看到对方错的地方和自己被伤害的地方，不容易看到自己保护对方的地方和为对方着想的地方。如果愤怒者愿意看到并多去表达爱的部分，他的愤怒就会被消融，进而用担心来代替。因此，当你对一个人愤怒，可以试着把你的担心表达出来。

一位妈妈说："孩子幼儿园大班的时候，升小学要考英语。孩子背英语单词，'football'和'basketball'的中文意思总是记不住，我特别生气，记不住不准她睡觉。"

你可以想象这位妈妈生气的时候会做出哪些让孩子害怕的行为。但如果她能更坦诚一点，对孩子直接说："妈妈很担心你。你马上要考小学了，妈妈很害怕如果你记不住，就会……"

对方同不同意、需不需要是另外一回事，起码你在表达担心的时候，愤怒就开始被转化了。你可以在你的担心上做工作，而非去纠结对错。

要知道，直接表达自己的担心，要比表达愤怒更有利于你们的关系。

思考与表达

写下你的一次愤怒经历，是对谁产生的愤怒？发生了什么？或者直接使用前面的愤怒案例。

1. 这次愤怒是在说，对方的行为会伤害谁？对你会造成哪些伤害？对他本人有哪些伤害？你可以找出对一方或双方的伤害。

2. 生成这样的句子，并大声朗读向他表达：

你是不应该 ____ 的！

如果你 ____ ，对我的坏处就是 ____ ！对你的坏处就是 ____ ！（二选一，或都填）

如果你改正，我就可以 _____ ，你要对我好。/ 如果你改正，你就可以 _____ ，我这是为你好。（二选一，或都填）

3. 当你这么说出来后，你有什么样的感受和想法？

发现错误，
破除死亡逻辑的恐惧

/ 恐惧是真的吗？/

恐惧不一定是一件坏事。有些恐惧是有客观基础的，这些恐惧有很大一部分是基于我们的现实经验发展出来的，它是避免我们受伤害的一种保护机制。而有些恐惧，是不符合现实的，是被我们放大和扭曲的，无法被检验。我们化解愤怒，实际上就是把这些不符合现实的恐惧找出来并改正，我们的潜意识能意识到这种情绪其实没有那么糟糕，同时保留那些具有现实意义的恐惧。

我们要破除头脑中"A=B，B=C，所以 A=C"的关系。因为 A 到 B 只是概率事件，B 到 C 也是概率事件，所以 A 到 C，就是更小概率的事了。

比如不负责任："不负责任，就会伤害孩子，孩子将来就会怨我；孩子怨我，我就是一个失败的妈妈；我是一个失败的妈妈，就是一个失败的人；我是一个失败的人，别人就不喜欢我了；别人不喜欢我，我就……活不下去了。"

对孩子不负责任，就会伤害孩子吗？不一定。比如说骂了孩子一顿，孩子此刻只是难受，并不一定会记到心里，形成创伤。

孩子的承受能力，远比你想象得要强。长时间、大量的责骂，才会伤害孩子。其实是你太脆弱了。

即使伤害到孩子，孩子将来就会怨你吗？不一定，谁的童年不是伤痕累累？长大后有多少人会怨恨父母？其实是你自己的问题，或者你的父母对你不满意，让你怕极了被抱怨。

孩子怨你，你就是失败的妈妈吗？不能这样说，妈妈的失败，岂能因为孩子是否怨她而决定？孩子不懂事的时候多多少少会抱怨妈妈，但并不影响她们依然是成功的母亲。其实是你内心觉得自己各方面都做得不够好，所以才会借着孩子的抱怨，激活你觉得自己是个坏妈妈的感觉。

你是一个失败的妈妈，就是一个失败的人了吗？这两者没有什么必然关系。每个人不可能处处成功，一两个领域的失败，完全不能泯灭自己其他领域的成功。

你是一个失败的人，别人就不喜欢你了吗？不一定，失败的人那么多，难道都孤独终老了吗？实际上是你不喜欢失败的人，你就认为别人也不喜欢失败的人。

这时你会发现，其实每个关联，都是小概率的关联，但我们潜意识里会把它当成必然，然后感到恐惧。你意识到自己没有对某件事、某个人负责任便自动联想到"活不下去了"，如果是这样，确实挺可怕的。

转化愤怒，实际上就是转化恐惧。而转化恐惧，就是去修改自己关于恐惧的不切实际的内在逻辑。

理解愤怒

/ 自动发生的逻辑 /

一位同学说:"我老婆说话很难听,吵架时总喜欢拿我的弱点来贬低我,我现在就想躲着她,能不说话就不说话。"

这位同学愤怒,是因为他给老婆贴了一个"说话难听"的标签,而解决愤怒的方法之一,就是向对方学习:如果你比她说话更难听,你也拿她的弱点来贬低她,这样你就可以反守为攻,让她生气了。

但这对他来说很难,因为他对自己的要求是"不能说话太难听",并且,这个要求背后还有一套自动发生的逻辑:我说话太难听,就会伤害到我老婆;伤害到我老婆,我就是个坏人;我是个坏人,就不会被社会认可和接受,因而可能失去很多资源和机会。

当他觉察到自己的这套逻辑时,他可以思考一下或许哪里出了问题:

说话太难听,就会伤害到老婆吗?

不一定。不说话可能伤害更大。说话难听的人,其实有对难听的话的承受能力。这位同学把他老婆想象得很脆弱,但其实是他自己太脆弱,容易被难听的话伤害,所以也这么去想对方。

伤害到老婆,自己就是坏人吗?

不一定。伴侣关系就像牙齿和舌头,磕磕绊绊产生摩擦很正常,与好坏无关。不给伴侣带来一点伤害,这是他为自己制定的一个苛刻的自我要求。

坏人就会不被社会认可和接受吗?

不一定。我对他说:"坏一点就不被社会认可和接受吗?你老婆说话难听,伤害了你,成坏人了,社会放弃她了吗?她就混不下去了吗?一个人说话难听,即使这是缺点,但只要他有优点,能对社会产生价值,就还是会被社会接受,可以很好地活着。人不是必须非常完美才能被社会接受,即使你有的地方做得不足,但只要不对社会产生危害、没有触犯法律,还是会被社会接受的。"

/ 自动思维的五个特点 /

"自动思维"是心理学家阿伦·贝克提出的一个术语。当你愤怒时,你内心产生的关于"对方这么做就会怎样""我如果这么做就会怎样"的一系列联想,就是自动思维的一种。

自动思维有五个特点:

· 快速

自动思维是非常快的,一刹那就完成了。从你接收到刺激,到你愤怒的完成,你已经产生了大量的思维活动。有一个例子可以说明人的思维到底有多快,据说人在跳楼或蹦极的时候,在那短短的几秒钟时间内,足以回顾完一生。

· 量大

自动思维是一条思维链,经过大量的思维加工,可以得到一个特别远的结论。一个动作,就能想出50集电视剧。有位同学对老公的出轨很愤怒,她内心一系列的联想是:"我老公出轨是因为我太差,我不如另外一个女人,我会被抛弃,我整个人生都

理解愤怒

会特别的糟糕……"

·不被注意

如果你不特别留意的话，自动思维会一直开启运行模式，不被你注意。就像我问你："这一分钟里，你的心脏跳了几下？"心脏其实无时无刻不在跳，但你却很少意识到。让人愤怒的自动思维就是这样，你会跟着它做反应，但却很少刻意跳出来观察它。

·模板化

这一系列的思维过程，不仅导致了这次愤怒的发生，实际上它在你很多次愤怒中都发挥了作用，是模板一样的存在。比如说，你在对妈妈的控制感到愤怒时，所使用的自动思维"我只有顾及妈妈的感受，我才是安全的"也同样会在对孩子、伴侣和朋友愤怒时使用。

·单一

在这条思维链里，你不会去寻找其他可能性，你会完全跟着既有的思维链往下走。比如，一位同学说："我老婆特别爱抱怨，这让我很生气。"他的自动思维链就是："如果我抱怨，别人就会不喜欢我，就会离开我，我就会很孤独。"实际上如果你抱怨，别人不喜欢你、离开你，这每一项后都有很多可能性，但自动思维在流动的时候，便会陷入这一条线里，完全不去考虑其他可能。

/ 打破自动思维 /

化解愤怒，实际上就是去思考并打破自己的自动思维。

打破自动思维的第一步，就是识别。 你得先意识到，你的思维链条是怎么搭建的，你联想的后果是什么，你恐惧的是什么。而识别其实很简单：观察。当你愤怒的时候，可以先去注意自己对对方的要求是什么。然后问自己两个问题：

· 如果他不去执行你的要求，而是按照他自己的方式去做，对他来说，后果是什么？会有怎样的影响？

· 假如你向他学习，表现出了他正在表现的人格特质，对你来说，后果是什么？会有怎样的影响？

有一位同学曾向我表达她的愤怒："我妈妈干涉我和前男友的关系，并做出非常无理的行为，导致我和前男友分手。"这位同学给妈妈贴的标签是"非常无理"，这时候可以去问：妈妈如果这样无理下去，对她会有怎样的影响？无理对妈妈来说，有哪些不好？如果你像她一样，也让自己的行为非常无理，对你来说会怎样？

然后就可以得到答案：妈妈无理，就会伤害到我；伤害到我，我就不想理她，也不想再管她了。她将来没有女儿的陪伴，就会很孤单。我如果也无理的话，就会伤害到妈妈，她就会更无理；她如果更无理，她就会赌气不管我了，虽然她不会抛弃我，但在心理上她就会离我越来越远，我会很孤单。

打破自动思维的第二步，就是去做现实检验。 有几个方法可以帮你：

- **寻找可能性，让思维从单一链条变成多种可能。**

说回上面的例子，你表现无理的话，妈妈除了会远离你，还会有哪些举动？她会一时生气，但是会在别的事情上原谅你，也会拗不过你而妥协，等等，有很多可能性。反过来说，妈妈无理的话，你真的会一辈子都不管她了吗？其实你只是暂时想远离她，但你们的关系终究会恢复。

- **找当事人核对。**

你可以在不愤怒的时候，找个机会直接问妈妈："如果我变得特别无理的话，你会不管我吗？会在心理上远离我吗？你会受伤吗？到多大程度？能持续多久？你会怎么反应？"通过与当事人核对，你可以更接近真实的现实。

- **找身边人探讨。**

你可以去跟身边不同的人探讨你自动思维的内容，他们会提供给你每一项思维后不同的可能性，让你僵化的思维灵活起来。然后你就会在众多可能性中，选出最适用于情境的那个。

当你开始重新思考自己愤怒背后的逻辑，也就是自我限制的逻辑，去重新建构你头脑中的逻辑时，你就会发现，自己之前一直活在一种不知的恐惧里。如此，你就开始体验到了自由。

自由就是：内心不被限制，不会盲目恐惧。 这时你会体验到更广阔、更轻松、更愉悦的世界。你会发现，能激活你愤怒的人越来越少了。

/ 看到他的恐惧 /

当别人对你愤怒的时候,你也可以发现他内在的恐惧是什么,然后跟他一起探讨他自动思维的逻辑链。

一位同学说:"我的育儿观念和老公的差异很大,他对孩子非常冷漠无情。"如果你是这位老公,你可以这么操作,带着好奇心去问问她:"你能不能告诉我,你为什么要给我们的孩子这么密集地关注呢?我很想理解你,在你的世界里,如果我们的孩子没有得到足够的关注,会怎样呢?"

这时你就能够理解老婆的恐惧是什么了。如果可以在这个层面上进行安抚、讨论、修正,结果可能就会是:她看到自己愤怒的背后是焦虑,并看到自己的焦虑是怎么脱离现实的。她会意识到,其实自己不必那么焦虑,给孩子那么多的关注。有时候,那反而是给孩子的一种压力。或者你理解了她的恐惧,愿意为了安抚她的焦虑做一些妥协,陪着她给孩子更多的关注。

当然,如果你看到了她内在恐惧的逻辑,你们还谈不拢,越说越生气,那就说明不仅是这件事带来的愤怒,而是你们两个人长期沟通模式的问题。

如果你想用这个方法去伤害一个人,你就可以通过好奇、共情、认可之后知道他的逻辑链,随后再补一刀:"我一点都不同意你这个想法,真是幼稚!"

恭喜你:喜提炸弹一枚。

思考与表达

写下你的一次愤怒经历。是对谁产生的愤怒？发生了什么？或者直接使用前面的愤怒案例。

1. 找到你愤怒背后关于后果和恐惧的自动思维逻辑链。
2. 找到自动思维的不合理之处。
3. 体会一下这带给了你什么样的感受？

相信自然能力，
就不会恐惧不会累

/ 累是因为不信任 /

愤怒与累有关。一个人越累，内在消耗就越大，对刺激的承受力就越低，越容易愤怒。而累与恐惧有关，越害怕糟糕的结果，越不得不强迫自己做些不喜欢的事，就会越累。所以深度解除愤怒的方法，就是解除恐惧。相信即使自己不强迫自己做正确的事，结果也不会那么糟糕。这样，你就不会这么累了。

有人觉得："你说得轻松，我可以不强迫自己照顾孩子，可孩子怎么办？未来怎么办？难道我要什么都不做，什么都不管吗？我如果像孩子他爸一样，不负责任，不认真工作，谁给我钱？老人怎么办？房子怎么办？我放过自己容易，可是现实不会放过我啊。我这不是恐惧，这是事实啊！如果我不陪孩子写作业，谁督促他？如果我不做饭，老公也不做饭，孩子就没饭吃啊。如果我不做家务，就没人做家务，我能怎么办？"

听起来事实好像是这样，很多事情你不做，就会有不好的结果，但其实这里有很多问题，其中最大的问题就是"不信任"。一个人之所以把自己弄得特别紧绷，是因为他没有信任的能力：

不相信自己，更不相信别人。

/ 自然能力和刻意能力 /

一个人的能力，分为两种：

- 自然能力。
- 刻意能力。

自然能力是一个人在自然状态下，不额外发力所呈现出来的能力。一个人在自然、自发状态下，并不会什么都不做。2020年新冠肺炎疫情爆发，很多人都闷在家里至少20天。在这20天里，你会发现，家务成了一些人的"爱好"。很多人退休以后已经不缺钱了，但他们还是会利用闲暇时间去找很多事情做。当一个人有精力的时候，就会找事做。

你对某个东西充满了好奇，想去研究它，当你从中获益了，就形成了工作。你被孩子的可爱吸引，特别想去为他做一些事，就在无形中帮助了他，构成了爱。

你在做这些事的时候，是自发的，所以是不累的、愉悦的，是在顺道而行。

在自然能力的驱动下，人既不会不负责任，也不会没有一点人情味。人只是按照自己力所能及的状态在一步步地往前走，也许不是很快，但却是自己真实的水平。

刻意能力则是一个人用完了自然能力后，对结果还不满意，又通过消耗能量的意志力来输出的能力。

在自然能力的推动下，你也许是平均每周拖1次地，平均每10次有6次陪孩子写作业，平均每10次有3次给孩子做饭，工作上每10次有6次能做到绩效合格。但你不接纳这样的结果，你觉得还不够好，你就开始自我强迫了。

在刻意能力下，人的确会创造出更好的结果。比如，也许以你自然能力的水平，能在北京的六环买套房子。但你通过熬夜加班、保持上进心，在刻意能力的协助下，就很有可能换房到五环内；在你自然能力的教育下，孩子或许只能勉强考上一所普通大学，但经过你刻意能力的调教，他或许就能冲刺北大了。

所以一个人强迫自己，是有好处的。这个好处就是：他可以得到一个可能性内最优的结果。但刻意能力使用得越多，人就越会自我强迫，同时也会越累、越消耗、越脆弱。而潜意识为了保护你，就会让你的身体对烦心事丧失一定的兴趣，让你感到排斥，不想去做。

所以，特别努力把事情做好的人，总是易怒的。一个人有多努力，他就有多易怒。

/ 不敢放下，是因为不相信 /

我们说的放过自己，是指放下刻意能力，转而尊重自己的感受，尽量只使用自然能力。

理解愤怒

一个人不敢放下，是因为他不相信自己。他不相信自己如果彻底放松，其实有一部分能量是想做家务的，还有一部分能量是想管孩子的，还有一部分能量在上进工作，因为这些都是人的本能。只不过你使用刻意能力太久了，让你忽视了自带的自然能力，让你觉得好像自己的自然能力为0，如果不强迫自己，自己仿佛一无所有。

在自然能力的状态下，你不是时时刻刻都想照顾孩子的，而即使如此孩子也能活下来。但是在刻意努力下，你觉得你是在尽自己最大的可能把孩子照顾好，但实际上，只使用自然能力照顾孩子效果也不一定差。

同样，一个人在苛责别人、要求别人委屈自己使用刻意能力的时候，这也是不相信别人的表现。对方在使用自己的自然能力做事，即使达不到你的要求，也未必会发生你所想象的后果。不信你离家出走一年试试。等再回到家，你就会发现家里可能会很乱，但一点都不影响家人开心地生活，你的孩子虽然没有被管教得很精细，但未必比你在家的时候过得更差。而你如果不相信自己在使用自然能力的前提下也不会发生你所想象的最差的后果时，你就会强迫自己使用刻意能力了。

/ 出轨中的不信任 /

我们再来谈谈常见的婚内出轨的问题。

一位同学说："我老公出轨了，我很愤怒。但我不想离婚，却又过不去心里这个坎。所以在接下来的日子里，我总是会有意无意地找碴，来发泄自己的愤怒。"

出轨是个普遍的社会性话题，每个人对于出轨的理解都是不一样的。经过访谈，我发现她给老公贴的标签是"不自律"。她对老公的要求是"你必须要自律"。同样我们知道，她给自己的要求也是如此：在婚姻内我必须要自律。

于是我就问她："结婚这些年，你都做了哪些自律的事？"

经交流后我发现，她的自律不仅仅是指从一而终的坚持，更是要求自己与其他异性保持一定的距离。于是我又继续跟她探索，她联想出关于不自律的影响是："如果我不自律，我就想放弃；如果我想放弃，我的婚姻就会破碎；如果我的婚姻破碎，我就觉得很没面子，别人就会嘲笑我、看不起我。"

显然，这个逻辑是有问题的，因为在这个例子中，包含了大量的不信任。

第一个不信任：如果你不强迫自己自律，你真的会放弃这段婚姻吗？不一定的。你不离开可能是你对老公还有感情，只不过你用了刻意的自律，掩盖了感情的冲动。这是对自己的不信任。

你可能会想到他其实还有些别的好，还有其他值得你留恋的地方。比如说，对你还算体贴，赚钱给你花，帮你解决一些现实的问题，这是对方的自然能力。想到这些的时候，你会犹豫，到底要不要放弃。

所以，即使你不用自律来强迫自己维持婚姻，你也会找其他的动力来维持，比如"他有些地方是不错的，我现在离不开他"

这样自然而然的动力。而"我应该自律，不应该轻易离婚"则是带着委屈的刻意动力。

一个是自愿选择，一个是"你对不起我，我却还在为你付出"。那么，你所感受到的愤怒也是不同的。

第二个不信任：如果我想放弃，我的婚姻就会破碎。当你去观察就会发现，大多数出轨的男人只是在寻求一种刺激，然后心存不会被发现的侥幸。因为如果他真的想离婚，他根本不会掩饰自己出轨的行为。所以你想放弃婚姻，但你的丈夫不想放弃，他就会采取保证、发誓、道歉或是补偿的方式来挽回。而婚姻有一方不放弃，就不会破碎。

第三个不信任：如果我的婚姻破碎，别人就会看不起我。就算离婚是件糟糕的事吧，你为人善良，工作优秀，长得漂亮，风趣幽默，憨厚老实……这些都是你的自然能力，你只要保持这些自然能力，即使婚姻失败了，别人也未必轻视你，甚至还有很多人会喜欢你呢。

你不相信自己的自然能力，就会觉得在丧失了刻意能力后，别人会看不起你。

/ 相信你的自然能力 /

放下刻意能力的部分，自然能力的水平值才会显现。使用自然能力而非刻意能力去做事，你的抱怨就会减少，心甘情愿就会增多。你与事情之间就会变成滋养的关系，会越做越欢喜，效果也越来越好。

不要感觉到害怕,不要觉得如果你不努力、不强迫自己、不委屈自己,就会有糟糕的结果。尝试相信你在自然状态下,也有好的结果,绝非什么都做不了。

> **思考与表达**

写下你的一次愤怒经历。是对谁产生的愤怒？发生了什么？或者直接使用前面的愤怒案例。

1. 在这次愤怒中，你对对方的要求是什么？
2. 在这次愤怒中，你对自己的要求是什么？
3. 如果你放下这部分要求，在自然状态下，你能做到和想做的会是什么？效果会怎样？
4. 如果你放下了对对方的要求，在自然状态下，你觉得对方能做到和想做的部分会是哪些？效果会怎样？
5. 对此，你的感受是什么？

愤怒是一种创伤：
小时候的恐惧，一直保留到现在

/ 从小到大的固着 /

以上讲的方法，其实都是从认知上去做改变。有些人就会觉得："道理我都知道，但是做到却很难。"的确很难，因为逻辑并非一朝一夕形成的，我们从小就使用。自动思维的模板已经用了几十年，怎么能轻易改写呢？

"控制别人就会伤害别人，我就是个坏人，就没人喜欢我了，我会很孤独，就活不下去了。"

"不上进就会被淘汰，会变得平凡，就不被人喜欢了，会很孤独，就活不下去了。"

当你打开愤怒的龙头，你的自动思维就像水一样，哗啦啦地往外流，非常自然，难以改变。

我喜欢把这样的逻辑叫作"刷牙逻辑"：晚上准备睡觉已经躺在床上了，突然发现没刷牙！"哎呀，糟啦！没刷牙就会有细菌，有细菌就会有蛀牙，有蛀牙就会烂牙齿，烂牙齿就没法吃饭

理解愤怒

了，没法吃饭就会饿死啦！太恐怖了！所以，今晚我没刷牙，将来有一天我就会饿死！"于是吓得赶紧起来刷了牙。

如果理性思考，我们会发现这个逻辑并不成立。但在生活中遇到此类事情时，感觉这样的逻辑又很自然，因为理性跟感受在认识问题上是脱节的。

那么，人为什么会在感受层面上，有这么深的固着呢？这是因为你从小就是被这么教育的。有人无数次告诉你这就是真理，然后就被你内化吸收，形成了固着。

/ 迟到背后的恐惧 /

小时候，当你违反了一个规则，就会有人给你异乎寻常的惩罚。

比如说，"迟到"这个问题。如果孩子上学迟到，老师会批评他、让他罚站，同学会嘲笑他、用异样的眼光看他。通过惩罚，小孩就学会了如何把握迟到这个度，他就知道在什么情况下迟到、晚到多久是安全的。通过社会反馈，他就学会了摸索与社会相处的边界。但是在社会还没有教会他以前，父母会提前给他更大、更重、更早的惩罚，让他早早种下恐惧的种子。

从叫孩子起床开始，妈妈就夹杂着烦躁、焦虑，不耐烦地催、哄、恐吓，并用眼神、语气、表情告诉孩子：迟到是一件多么恐怖、多么不应该、多么严重的事。然后每当他有迟到的可能时，妈妈都会先行给予惩罚。

这时候孩子不迟到的动力就开始转移了，他不是害怕被老师批评而不迟到，而是害怕被妈妈催促、害怕失去妈妈的爱、害怕被她抛弃才不敢迟到。对孩子来说，比老师的批评更恐怖的，是失去妈妈的爱。所以他就内化了"人不能迟到"的规则。他对于迟到的恐惧，要远远超出现实中迟到的危险，也无法被现实检验。

当他长大后，就会对自己和他人的迟到问题异常敏感。宁愿不吃早餐、开快车、催促吼叫孩子、打骂孩子，也要尽力避免让孩子迟到，并成功地把这个规则向下一代传递。

因为这些小事，比起潜意识里对于迟到的恐惧，都不算什么。孩子也容易泛化概念：人不能迟到，并且人必须认真，必须做好应该做的事，人一定不能犯错，一定要遵守规则……

/ 正确的才是安全的 /

一个人不敢不照顾别人，不敢控制别人，不敢不负责任也是同样的原理。

对于这样的人来说，小时候，他如果没有照顾妈妈的感受，不懂事，就会受到惩罚。他要是敢先顾着自己玩得忘乎所以，把妈妈晾在一边，他就会发现，有一种危险正在一步步靠近，直到他不敢坦然地玩耍，还要时刻观察妈妈的脸色。这时候，他就学会了"我不能让别人不开心"的规则。

"自觉"的养成也是同样的原理。小时候你必须得眼里有活，才是安全的。你如果不积极、自觉地把家务干了，那糟糕了，妈

理 解 愤 怒

妈有 100 种方法让你害怕，让你感觉到不被爱，让你充满恐惧。

"认真"也是。小时候你如果写作业不认真，比如总是心不在焉地转铅笔、玩橡皮，或是频繁地上厕所，妈妈就会一直盯着你、数落你，一次次地矫正你，直到你不敢做小动作为止。而且你从行为上假装顺从也是没有用的，被妈妈发现后她会继续教育你，直到你从思想上深深地认同她，她才满意。

在这个过程中，你渐渐就发现，你必须要做那些自觉、上进、认真、热情等正确的事情，不能把轻松快乐放在第一位。你必须遵从正确原则，才是安全的，才是有可能被爱的。

对很多人来说，他们小时候都是这样的：愉悦的是危险的，正确的才是安全的；享受是危险的，自我强迫才是安全的。而他们潜意识里认为，安全的动力要大于享受的动力，所以人会为了求生存的安全，不敢轻易去享受。

/ 以爱之名，驯化你 /

有很多人不记得妈妈惩罚过自己，觉得她们其实是爱自己的。其实很多时候，妈妈的动机，的确是出于爱，但这不影响她所使用的方式，形成了你的恐惧逻辑。

比如说：

· 眼神与表情

有些妈妈很能自我克制，很理性。她们也知道，打骂孩子是不对的。甚至她们每一句话都在表达："妈妈爱你呀，这跟你没关系的。"但是她们的眼神和表情,却非常形象生动地给孩子传递着不开心。对孩子来说,妈妈的不开心,就足够惩罚他。

- 失望与威胁

妈妈会用语言表达失望,会直接告诉你不应该这么做,应该那么做。不然她们就会很失望,会告诉你"白养你了"。有些妈妈不仅会用语言,有时还会用语言暴力、肢体暴力告诉你,如果你不怎样,就会怎样。这时候,孩子为了不让妈妈失望,就会一次次地妥协。即使他不愿意,行动上仍然会一次次迁就妈妈的要求。

- 忽视

有些妈妈也不说什么,但就是忙,没时间管教孩子。即使她在你身边,也是在忙自己的事情。这会让你觉得,一定要做点什么才能被关注。做什么呢?你会发现上进、优秀、主动做家务、妈妈伤心时安慰她、变乖变听话,就可以得到她的一点关注。

- 牺牲

妈妈很能付出。她很操心你,不管是学习还是生活。她会为你做饭、洗衣、喂药,十分体贴,并且看起来不求回报。有时候还会告诉你:"只要你开心就好。"但看着妈妈的牺牲,孩子并不能承担得起。这时候,孩子也必须要把自己放到牺牲的位置上,才能与妈妈的牺牲平衡。

- 比较

这样的妈妈不会直接对孩子下手,但是她会让你目睹弟弟妹妹、邻家小王不听话的后果,先让你心生恐惧。虽然你没有被惩罚,但你目睹了别人不服从就会被惩罚的后果。所以,很多优秀的孩子虽然没有接受过严重的惩罚，但其实他们内心也有创伤，因为他们深刻地知道，一旦自己不够努力、不够服从，后果将会是什么。

妈妈可以以爱之名，对你进行各种驯化。

/ 愤怒背后的千疮百孔 /

山东临沂四院的杨永信，曾经采用"电击疗法"专治各种不服从、不听话、不好好学习、不上进的孩子。如果有孩子的行为不符合规则，他就会使用电流电击的方式去惩罚孩子。

我看过关于杨永信的一则采访，孩子在精神卫生中心假装听话是没有用的，假装得太明显，还是会被电击，直到孩子不再反抗，深深地认同他所说的"应该"，才能活下来。放弃自己的想法，屈从于他们的想法，才是这里的孩子唯一的生存之道，这是何等的绝望啊！

很多文章抨击杨永信的做法，我看到这样的报道，也觉得惨无人道，深恶痛绝。然而我更悲哀的是其实很多家长都知道里面发生了什么，却依然求着杨永信收留自己的孩子。这些家长认为如果孩子能变得听话，能"走上正道"，受点苦受点疼，是应该的。

杨永信只是一个有人出钱购买的工具，是一种需求市场化的结果。就好比杀手杀了人，固然可恨，可是雇佣杀手的那个人呢？同样也可恨。

绝大多数父母其实都没有勇气把孩子送进临沂四院，但他们的眼神、语言、动作、行为，对孩子来说，效果和性质都与电击大同小异，这会让孩子形成一种习得性无助。

电击一只狗，狗会想跑，但是狗被锁在笼子里。经过无数次电击之后，狗就绝望了，当打开笼子门，再次电击，狗就放弃了逃跑，它无奈而顺从地在那里接受着被电击的命运。

人也会经历这种绝望。小时候，你不得不遵守爸爸妈妈设定的规则，这是你的生存之道。等你长大后，你都意识不到爸爸妈妈已经不能控制你了，也不能惩罚你了，就像你意识不到笼子门已经打开了，但是那种恐惧感一直还在，你还是一如既往做着同样的事，执行着同样的规则，一直延续下去，并且要求伴侣也如此，要求孩子也如此。世世代代，往下循环。

这，就是我们愤怒背后恐惧的来源。每一个易怒的人，背后都千疮百孔，都有一个被管控被强迫的童年。

/ 爱的同时也在传递恐惧 /

有人又会说孩子就教育不得了吗？如果这样都能带来创伤，那还怎么教育？的确，教育必然会带来创伤。因为人的本性是无法无天的。我们必须要为他们建立一定的社会规则，才能让他们在社会上生存下来。

教育孩子，就像是"驯化"孙悟空的过程。孙悟空的天性，是上天入地、无法无天的，他的很多行为都不符合社会规则，他的成长，便需要社会化，把尖锐的棱角磨平。但在这个过程中，

理 解 愤 怒

你是把握不了这个度的。一个家庭，不允许有两套规则，你在社会上如何使用你的求生规则，就会将其原封不动传递给你的孩子。对这个世界，你有过多少恐惧想象，也会传递给孩子同样的想象。世界上大多数的妈妈都爱自己的孩子，但这并不影响爱的结果是以伤害来呈现，不影响以爱的方式传递了恐惧。

/ 觉察愤怒背后的规则 /

放过孩子，本质上来说就是松动他的规则。而松动他的规则，首先要去松动你的规则。 也就是说想要放过孩子，首先要放过自己。所以，当你愤怒时，你可以先去觉察：

你对自己的规则是什么？
你的规则是怎么形成的？
你从小到大是怎么执行这些规则的？

当有人对你愤怒的时候，你也可以反过来好奇他的童年：

他对你的要求是什么？
这个要求是如何形成的？
他小时候经历了什么，让他必须这么做？

这时你就知道，他愤怒背后的恐惧是怎么形成的了。

思考与表达

找到你的愤怒标签，回忆一下你的童年：

1. 与这个标签有关的往事，你能想起哪些？
2. 当你表现出这个标签的时候，你的父母曾经怎么对待过你？
3. 他们是否与你谈论过，或者跟你说过有关这个标签的话题？是如何谈论的？
4. 邻居的孩子、你的兄弟姐妹是否有过表现这个标签而被惩罚的经历？
5. 生成下面的句子，大声朗读，并体会一下你的感受是什么：

   我从小就不得不 ＿＿＿，我只有 ＿＿＿＿ 才是安全的，我才能被爱。

   证据是 ＿＿＿。

07

爱:
因为我爱你,
所以你也要爱我

愤怒是一种需要：
我很可怜，需要被爱

/ 愤怒是因为需要被爱 /

人在愤怒的时候，会对他人有一种强烈的要求："你应该变得负责任、听话、勤劳、守承诺、上进、节约、有礼貌、宽容……总之，我觉得什么是对的，你就应该去做什么。"

然而你有没有想过：

> 你为什么要对他有这些要求呢？
> 他做不做这些，跟你有什么关系？
> 即使别人错了，你为什么要拿别人的错误来惩罚自己？
> 你为什么会这样不理性呢？

如果愤怒毫无好处，没有人会主动拿别人的错误惩罚自己，毕竟，世界上自私、不上进、不认真的人那么多，难道你都要生气吗？这样的话，你真的应该去冲刺"愤怒吉尼斯世界纪录"了。

无论你的愤怒是什么，无论你想改变对方的是什么，无论你希望对方怎么矫正价值观，人选择愤怒，背后的获益一定比带给自己的伤害更大。愤怒最终的导向一定是：他是付出者，我是受益者。

愤怒背后渴望的获益就是：爱。愤怒是因为需要被爱。

爱是什么？爱是体谅、认可、关注、重视、尊重、支持、帮助、保护、看见、接纳……一个人愤怒，是因为这些需求没有被满足。他越愤怒，就越说明爱之于他的匮乏。

/ 我需要孩子体谅我 /

一位妈妈说："我很愤怒，孩子快六岁了，还是很爱哭，稍不如意就开始大哭。"

六岁的孩子哭，是多么正常的事情。哭就哭吧，他哭，你为什么愤怒呢？在我看来，这位妈妈给孩子贴的标签是"无能"。她认为，哭是无能的表现。可是，孩子无能，对你的影响是什么呢？你为什么要愤怒？别人家六岁的孩子无能，也没见你愤怒呀？相反，你可能还会偷着乐吧。

在这位妈妈的愤怒背后，她所使用的逻辑是："你无能，我就得照顾你；你哭了，我就得安慰你，但安慰你真的是一件很麻烦的事，我已经够累了，还不能休息，我还有那么多事要做，也没法做，这让我很烦。"这时候，孩子的无能就给妈妈带来了利益损害。这位妈妈真正的愤怒其实是：你居然给我添麻烦！

所以，这位妈妈对孩子愤怒的真正原因并不是因为孩子无能或爱哭，而是孩子给自己添麻烦了。那么，不被添麻烦又是一种

理 解 愤 怒

怎样的爱的需求呢？——体谅。

这位妈妈的愤怒是在说："求求你，体谅体谅我吧！我真的好累，你别再哭了。"她内在有一个希望被体谅的需求，而她六岁的孩子并没有满足她，所以她很愤怒。然而这位妈妈不能直接面对自己的这个需求，因为这个需求会让她感觉自己很过分，潜意识就会把这个需求外化，变成可以被接纳的要求："你不要有无能的表现，我这是为了你好。"

这样听起来就比"你要体谅我"舒服多了。

/ 孩子才是最容易满足妈妈的人 /

妈妈为什么不能允许六岁的孩子给自己添麻烦呢？六岁的孩子，本来就很烦人啊；六岁的孩子，的确也没有能力和义务去体谅自己的母亲。是这位妈妈太累了。她觉得："我每天已经够烦的了，工作多家务多，老公也不怎么体谅我，单位领导也不体谅我。我这么辛苦，都没有人来帮我一把，我都快放弃了。"

对于这位妈妈来说，她想要的体谅，在生活中一直都没有得到满足，所以才不得已地把需求伸向了六岁的孩子，因为在孩子这里是最容易、最有可能索取到的。

一个人越在意你，你就越容易使用愤怒来威胁他，从他那里得到满足感。而在这个家庭系统中，六岁的孩子才是最在意这位妈妈的人，也是最容易满足她要求的人。

/ 愤怒背后，是爱的匮乏 /

无论你对谁、对什么愤怒，只要去追问，都可以找到其背后实质性的影响。

有人说："我不需要他照顾我，不需要他满足我，他只要离我远一点，不要说伤人的话，就可以了。"这句话中透露出的期待是："他不要说伤我的话。"

表面看来，你需要的是界限，但没有实际的界限，他是怎么伤害到你的呢？他说了伤你的话，只是发出了一些声音，让周围的空气产生了震动。具体来说，是怎么伤害到你的呢？

你的内在逻辑可能是："他说伤人的话，就会打击我的自信心，就会让我觉得自己特别没有价值。"反之就是：你需要他憋住自己的看法、咬紧自己的牙齿、压抑自己的主见，来保护你的价值。

这时候你需要的爱就是尊重、认可和保护。

此时此刻，你需要他来保护你的价值，这说明你的价值感，在日常生活里已经很薄弱了，在其他地方，你也得不到认可，所以当对方一旦否定你，你的价值感就完全坍塌了。而此刻对方是最应该保护你价值感的人，你就把对被认可的需求指向了这个否定你的人。

所以，无论你对别人的愤怒是什么，最终你都可以找到一种关于爱的匮乏。即使你愤怒的事情看起来与你无关，比如说，明

理 解 愤 怒

星出轨、路人随地吐痰、电视剧里的反派作恶多端，只要你去感受大脑中的想法和逻辑，你总能找到其中对你的影响。

你把自己代入了某个角色，仿佛自己的利益也受到了侵犯一样，你会对侵犯你利益的人充满愤怒。电视剧中经常出现的"樊胜美""房似锦""苏明玉"等在重男轻女的环境下长大的角色，经常让观众愤怒，是因为观众代入了自己不被尊重的感受。

/ 愤怒只是解决匮乏感的方案之一 /

愤怒的人，就像是饥饿已久的人看到食物一样，有一颗想扑上去狼吞虎咽的心。并不是食物导致人饥饿，但看见食物，却能刺激人的饥饿感。也就是说，并不是当下这个人刺激了你让你感到愤怒，而是你内在一直以来的匮乏，让你察觉到目前这个人是最容易、最有可能、最应该满足你的目标。

愤怒在说：

> 求求你，满足我一直以来的需求吧！
> 别人不爱我，我也不爱我，但你能不能爱我，你必须要爱我，你再不爱我，我就要被饿死了！

而且你内在越匮乏，你对一个人的愤怒就越强烈。

你对陪伴越匮乏，就越会计较对方几点回家、每天在忙什么、跟谁在一起。反过来说，如果你正在跟一位散发魅力的异性忙着约会，你才没有时间考虑伴侣几点回家呢！你对重视越匮乏，你就越会计较对方有没有送礼物、是否及时主动给你打了电话。也会越计较每次冷战，到底是谁先低头，谁先服软。你对认可越匮乏，你就越经受不起批评和指责，越会对被否定进行剧烈反抗。

愤怒不是问题，愤怒只是解决匮乏感的方案。深度解决愤怒，实际上就是去解决你的匮乏感。

当你有方案 EFGH 来应对内心匮乏的时候，你会发现，愤怒只是其中的一种方案。而方案 EFGH 解决了你的匮乏感，你也就不需要什么愤怒了。就像发烧一样，发烧只是自我保护的一种手段，它不是一个需要被解决的问题，需要解决的是杀灭病毒和细菌，甚至是改变睡眠、饮食习惯的问题。盲目使用布洛芬和对乙酰氨基酚是很糟糕的，正如盲目压抑和发泄愤怒是很糟糕的。

/ 表达需求的两个难点 /

但你很难向对方坦白自己对爱的需要，其中有两个难点：

你很难意识到自己的需要。

当你愤怒的时候，你会沉浸在"对方不应该这么做"的感觉里，而不会去注意"我需要什么"。

即使你意识到了，也很难说出来。

因为直接向对方表达自己内心对爱的需要，会显得很卑微。

这时候，潜意识就需要对你的愤怒进行一点伪装。其中有两种伪装的方式：

"这是你应该做的。"

你不是为了我去做，你是为了真理而做，为了成为一个正常人而做。"孩子就是应该听话""学生就是应该学习""伴侣就是应该顾家""员工就是应该好好工作"，你这么做，是因为真理本来就是如此。

"我是为你好。"

不是我想让你这么做，是你的未来需要你这么做。你去做对的、应该的、好的事情，在不久的将来，就会得到大量的利益、和谐的关系、成功的事业。

然后你做了这些，我只不过是顺便得到一点好处而已。

愤怒在很多时候，的确是出于对对方好的目的，尤其是很多妈妈对孩子的愤怒，她们的确是出于对孩子的爱，但这不影响愤怒也同时是为了自己好，愤怒可以满足自己内在的一些匮乏感。只不过这些妈妈，只表达了对孩子好的目的，却无意识地隐藏了对自己好的愿望。

愤怒的人也经常说："我对你愤怒，是因为我在意你啊。"这句话其实只说了一半，愤怒的人没有把后半句说出来："我在意你，是因为我很需要你。我很在意你是否满足我的需求，在意你是否照顾我的感受。我都这么需要了，你为什么还不爱我？"

愤怒，就是"我很可怜，需要被爱"的呐喊。

思考与表达

写下你的一次愤怒经历。是对谁产生的愤怒？

发生了什么？或者直接使用前面的愤怒案例。

1. 找出这次愤怒中，你给对方贴的标签、提的要求。并进一步思考，在这个要求背后，对应着你对爱有怎样的需要？如果对方做到了，带给你的满足感是什么？如果对方没做到，带给你的匮乏感又是什么？

2. 在这部分匮乏中，除了他的缺位之外，还有什么是你未被满足的？

3. 思考关于这个部分，你平时是如何感到匮乏的？

4. 生成下面的句子，并大声朗读，体会一下你有什么样的感受：

   如果你 _____（标签），我就可以感觉到 _____（所匮乏的），我就被你爱了。

虽然你想要，
但他凭什么满足你？

/ 关系中的悲哀 /

愤怒在说：我很需要你。我很需要你做那些让我舒服的事情，很需要你照顾我的感受，填补我内心的匮乏感。

虽然你在闷闷不乐地生气，或者声嘶力竭地生气，甚至你半带乞求地生气、连哄带威胁地生气，你用了很多方法在生气，但你还是会发现，你那么需要他，可他就是满足不了你，甚至不想满足你。一段关系里的悲哀，莫过于此：想要，却得不到。

既然你这么痛苦，这么不满意，为何不离开对方呢？虽然你改变不了这个人，但起码可以保护自己呀。

他可能是你的孩子，虽然他无法变成你想要的样子，但你就是无法离开他；他可能是你的伴侣，你考虑到诸多现实因素无法离开；他可能是你的公婆、老板等，你有很多理由无法离开他们。愤怒中，比想要更痛苦的就是：要不到，却又离不开。

既然离不开，那就和平共处吧。不要再抱有期望，学会自我满足，学会从别的地方寻找满足感。这样起码好受很多，可是你却学不会，还是会忍不住期待他能给你尊重、关怀、帮助。这就是你在关系里更大的悲哀：离不开，却又放不下。

想要维持这段关系就想想办法吧，只要肯动脑，办法总比困难多。你可以去阅读有关沟通方法的书籍，可以去请教朋友，可以在网上学习与人相处的办法……可是动脑学习就会花时间、耗费脑细胞、花钱。为了节约这些，你就只能像婴儿那样张嘴要奶："因为我想要，所以你就得给！"这就是你在关系里，更大的悲哀：需要，却不动脑，理所当然地要。

/ 关系中的理所当然感 /

然而还是得不到。此刻匮乏的你、饥饿的你，就像溺水的人在挣扎、扑腾，结果每次都绝望地掉得更深。

你挣扎的手段，就是在不断给他灌输："你应该。"

"因为他错了，他就应该改。"是的，但他凭什么要改呢？

"因为人人都应该那样，所以他也应该那样。"是的，但他凭什么也要那样呢？

"因为我对他有很多不满意，所以他就应该做。"是的，所以呢？

"因为我想要，所以他就应该给。"是的，但你凭什么呢？

你每次都指责得非常对，我也百分百同意你。当他让你不满意的时候，他就是错的，就是坏的，就是应该改的。

可是"应该"有什么用呢？如果"应该"有用的话，那大家一起建立规则就好了。我们把规则制定好，人人遵守，天下和谐。可是只要他不同意你，他就不想改。谈论"应该"，是没有意义的。你很愤怒，你想爆炸，你恨得牙痒痒，你想惩罚他、抛弃他，然而还是没有用。

理所当然感，是关系的一大杀手。理所当然感越强，你对对方的愤怒也会越强。

/ 他为什么要为你改变？ /

世间所有的愤怒，其实就是一句话：你想要那么多，然而你却不配。你如果觉得自己很配，就会理所当然地去要了，但实际上在对方的潜意识里，他觉得你不配他为你牺牲，所以他就没有给，然而你却不服，所以你就愤怒了。

因此，愤怒实际上是因为太看得起自己了，好像自己真的值得对方为你牺牲那么多似的。

为什么是牺牲呢？你要知道，如果你的要求是让人舒服、愉悦的，对方早就去做了，不用你教育他"应该"如何。别人之所以宁愿看你愤怒、被你骂，也不愿意去做、去改变，是因为这对他来说是一件痛苦的事。

既然是痛苦的：

> 他为什么要去做呢？
> 他为什么要为你牺牲呢？
> 他凭什么要改呢？
> 只是因为你想要，所以他就要改吗？

他是王力宏吗，喜欢"改变自己"？

与其问他为什么不改，不如问他为什么要改。对方不想为你改变是很正常的，为你改变反而显得有些不正常。

/ 改变的两个动力 /

人之所以会改变自己，无非是基于两个动力：

- 趋利。
- 避害。

如此简单、直接、耳熟能详的动力，却很少有人去细细琢磨。比如说，你为什么那么喜欢改变自己？常常健身、加班、负责任，是因为你的潜意识知道，如果我不变美，就没人喜欢我了——避害。如果我变优秀，就会有更多的人喜欢我了——趋利。至于事实上会不会有这些坏处或好处并不重要，重要的是，你只要这么认为，就会主动改变。而对方不在乎这些结果，或不同意这些逻辑，就不会主动改变。

掌握了这个规则后，如果你想让他真正改变，你就要从他的世界出发，思考他的逻辑：

如果他忍受痛苦而改变，会有什么大于他这份痛苦的好处？

理 解 愤 怒

> 如果他不去忍受痛苦改变，会有什么大于他这份痛苦的坏处？

这就意味着你要去思考，你有什么资本，可以诱惑他、威胁他，让他愿意忍受改变的痛苦。

把这个问题想明白了，你就可以真正改变一个人了，甚至可以去改变任何一个人。这个问题想不明白，你再愤怒，再生气，也是没有用的。

/ 你改变别人的资本是什么？/

这个问题，需要问你自己。

讲道理有用吗？能晓以利弊的时候是有用的，但如果你的道理打动不了对方，就是没用的。

指责有用吗？有些时候是有用的，但如果你的指责吓唬不到他，也是没有用的。除了显得你很凶，证明你很情绪化，表明你很强势之外，也改变不了他。

付出有用吗？有时候是有用的。付出之所以有用，是因为你通过自己的付出增加了在他心里的重要性，他更怕失去你而想对你好，但你的付出他随时可以放弃，这就没有任何用了。

变优秀有用吗？有时候是有用的。他觉得靠近你，也跟着沾光的时候，是有用的，但如果你的优秀对他没有任何价值，你就算精通八国语言也改变不了他。

那做什么是绝对有用的呢？——理解别人。

理解别人看待某件事的内在逻辑是什么、怎么形成的，他在意什么、担心什么、喜欢什么，他为什么这么做、为什么不那么做，其中，他的获益是什么、改变的阻力是什么。但是理解别人，是一件费时、费力、费心、费脑的事，想来你也没那么大的兴趣去做。毕竟，你沉浸在自己的需求里，还在嗷嗷待哺呢。

理解了他，他还是不改变怎么办？理解只是第一步，第二步就是：他怕什么，你就可以拿什么去威胁他。他想要什么，你就可以拿什么去跟他做交换。

只要筹码够大，不怕别人不改变。但问题是，你有这个筹码吗？

/ 关系中的交换 /

好的一面是，如果你愿意重新思考"凭什么""我有什么资本"，你就有了改善关系的方法。坏的一面是，有些人总觉得交换的爱不是真爱，关系不应该以交换为前提。我想说的是："都是爱，你之所以认为交换来的不是爱，是因为你一直在渴望一种无条件的爱。"

先不说对方凭什么要给予你无条件的爱，就算对方给了你，你敢要吗？你要了就会产生依赖，你敢依赖吗？你不怕哪天对方突然撤走了，你就什么都没有了，这个结果，你接受得了吗？

交换的关系其实才是平等、稳定的。如果你不喜欢交换这个词，我可以用别的词来代替，比如"相互"。

相互支持、相互帮助、相互理解、相互认可、相互关心、相互爱慕……

思考与表达

写下你的一次愤怒经历。是对谁产生的愤怒？发生了什么？或者直接使用前面的愤怒案例。

1. 找出这次愤怒中，你的需求是什么，并写下他应该满足你需求的理由。
2. 你如何看待这个理由？
3. 尝试站在他的角度去思考：如果他满足你，为你做出改变，对他来说有什么坏处和损失？有什么好处和收获？
4. 他如何看待这个好处或坏处？这是他想要的吗？

愤怒是一种付出：
我为你雪中送炭，你愿我家破人亡

/ 是付出感让你这么愤怒 /

前面讲过，愤怒是一种需要。你需要别人照顾你的感受、满足你的需求、给你想要的爱。可别人却没有为你做，你就愤怒了。

然而在以下情况中你就不会这么愤怒：你知道你的需要是自己的事，跟别人没关系。你知道别人愿意满足你是情分，不愿意满足你是本分。这时候你顶多会觉得无助、孤独，感叹世态炎凉，却不太会对别人愤怒。当你对别人愤怒的时候，一定是因为你觉得他"就是应该"为你做，他欠你的。那么，"他亏欠你"的这个值得感是从哪来的呢？很大一部分来自付出感。你觉得你为他人付出了很多，可是你的付出却没有得到足够的重视和相应的回报，这时候你就会感到委屈，继而愤怒。

一个人愤怒的时候，首先是觉得自己为对方付出了很多，有一种很强的付出感。

一位同学说："昨天晚上吃饭的时候我对老公说我的头有点痛，是不是感冒了。但他只是埋头吃饭，脸上没有一点表情，也

理解愤怒

不说话。我就用抱怨的语气跟他说：'诶，难道我是在对空气说话吗？我觉得你对我好冷漠呀，一点也不关心我。'"

听到这样的表述，我感到有些好奇：你在吃饭的时候，也这么需要被关心吗？

然后她继续说："我一直都深深地记着一句话：'原谅别人就是爱自己。'可是他 10 年来爱熬夜、爱喝酒、爱撩拨其他女孩，经常深更半夜才回家，周末一定是在外面打麻将，导致我们很少在一起度过周末。想到这些，我还是无法原谅他。"

听到这些，我有点理解她了。原来 10 年以来，她都是这么不被爱，却还执着地没有放弃。可是这能构成老公要关心她的理由吗？

她接着说："5 年前他被检查出患上肝癌。这 5 年，我陪着他辗转各地去看病，我真的很疲惫，我内心告诉自己要去原谅他，可是我无法真正做到。"

这时候，我才找到了她的愤怒如此强烈的原因：10 年前，你对我如此不堪，5 年后，你得了重病，我为了给你治病，不顾你对我的冷漠，拼尽一切去照顾你。在这样的情境下，我还在坚持着付出，你居然还不关心我，我能不委屈吗？能不心痛吗？

如果老公只是冷漠地埋头吃饭，不会导致这位同学这么愤怒，10 年的爱搭不理，也不会导致她这么愤怒。在这个过程中，她为老公付出了一切，尽了她作为一个妻子所有应尽的责任，但对方还是冷漠，不愿尽一个丈夫的责任，这时候，她才会如此的愤怒。

单纯的伤害，并不会让人那么愤怒，但是"我为你雪中送炭，你却愿我家破人亡"这才是最让人愤怒的。

/ 当付出期待回报 /

付出，是一件很可怕的事。当你在付出，你同时就会期待回报。你每付出一分，都会在潜意识里期待着对等甚至更多的回报。对方没有给予你相应的回报，你就会愤怒。

期待回报，很多时候完全是无意识的。你觉得自己是自愿、不求回报的，但潜意识层面还是会渴望回报。比起对方给你的物质感谢，你更渴望的可能是感激、认可、重视等心理层面的回报。比如说，你在敬老院志愿服务老人三个月，当老人在接受你的服务时表现得理所应当，你就会忍不住愤怒。你虽然会说自己不求对方回报什么，但其实你会期待他能回报你看见、感激和认可。换个角度，如果你领着高薪受托在敬老院照顾老人，你对老人的挑剔和理所当然，就会变得容易承受，愤怒也会少得多。

有人会在被辞退的时候感到愤怒，是因为他觉得自己为工作付出了很多，如果他感觉本来就没给公司创造什么价值，在被辞退时就不会这么愤怒了。

你越为一个人付出，你就越渴望对方重视你。所以付出感，其实就是为愤怒做准备的，当一个人对你愤怒，我们就会知道：他觉得他为你付出了太多。

理解愤怒

/ 付出感的形成 /

愤怒是因为有付出感。那么，付出感是怎么形成的？
我们做一件事，可能会有两个动力：

- 为自己做。
- 为他人做。

如果一件事你是为自己做，那么你在做的时候就会无怨无悔，任劳任怨。自己选的苦，一点都怨不着别人。

然而我们做一件事的时候，如果感觉是为别人而做的，就会形成一种付出感。这时候你做的这件事，就会成为你对他人愤怒的资本。

比如说"上进"。你为什么努力上进呢？如果你只是为了满足自己上进的需求，就不会对他人产生期待。你自己想体验荣华富贵，想名扬天下，你就会为了自己的理想去努力，你很清楚这是你自己的目标，跟他人没有关系。这时候你为了上进即使再苦再累，也会心甘情愿地接受。

但是你上进的时候，一旦是为了别人、为了家庭，那么你的上进就会形成一种付出感。

同样，你要求自己做事认真、负责、勤劳、照顾孩子，都是为了给这个家带来方便，那么你在做这些事的时候，就会有很强的付出感，那你也就很容易感到愤怒。

在面对孩子写作业的问题时，一个殚精竭虑的妈妈，要比一个很少操心的爸爸更加容易愤怒。如果她认为孩子是自己的，那自己辛苦就好了，怨不着别人。但是她一旦认为自己在替孩子的爸爸分担着一部分任务，她就容易感到愤怒了。

当看到有人破坏环境时，一个经常提醒自己爱护环境的人，要比一个从来不爱护环境的人更加容易愤怒。如果你爱护的是自己家的环境，你就不会愤怒，但是你爱护的是公共环境，是有利于他人的，你就变得容易愤怒了。

因此，人在愤怒时，潜意识里会有这样的想法：

> 我为你做了这么多，你为什么不愿意满足我？
> 我都做了这么多了，你为什么不愿意做呢？

/ 付出感是对他人理所应当的资本 /

当我们对别人的控制感到愤怒时，内心深处同时会有一个声音说："我已经忍你很久了，为什么你还是这么过分？"这句话的意思是："我一直在迁就你，你为什么不给我一点迁就？"

如果你是因为自己怂才不反抗，你就不会愤怒。但是你觉得自己的忍耐是为了不想跟对方发生冲突，怕伤害到对方，那么你的忍耐就变成了一种付出感，你就开始容易愤怒了。

对于一件事，我们越觉得是在为对方做，就越觉得自己付出

理解愤怒

了很多，这时候就越期待对方也跟自己一样付出。可是对方通常没有我们付出得多，我们就会有巨大的不公平感，进而觉得自己很委屈，所以就愤怒了。

对于一件事情或一个人，我们投入得越多，就会越在意，就越渴望得到期待的结果，这是人的本能。你精心呵护一朵花，还会希望它能盛开呢，更何况精心对一个人付出呢！

所以在一个家庭里，你会发现最能抱怨的那个人，恰恰是最能干的。现实中或许他不一定是最能干的，但他一定会觉得自己是最能干的。是付出感，给了一个人理所当然的资本。

解决这个问题的方法，就是去问问自己："你做这些，到底是为了谁？"

对这个问题的思考，可以让你拿回属于你的责任：你想做，就自己去做，不必非拉着别人一起。你觉得你是为了别人做，但你得先问问别人需不需要。你做了什么，也从来不是别人回报你的理由。因为，你完全可以选择不做。

/ 你的付出，不是别人回报的理由 /

你付出了很多，对方为什么没有回报你认可、关注和同等级的付出呢？

第一个原因：虽然你付出了很多，但对方未必会这么需要。这时候你的付出，甚至会被对方识别为索取、逼迫，甚至是伤害。

比如说，你给孩子报了 10 个辅导班，你觉得这是为孩子的将来着想。你每天为家里做很多事，让自己很累，你觉得有一半是你的伴侣应该做的，但你却在替他做。你觉得自己付出了这么多，甚至特别的委屈，然而你的孩子和伴侣却很有可能对你的行为感到抵触。

比如说，你特别上进，努力地为家赚钱，但是你的伴侣可能会觉得你这是自私地沉迷于工作，忽视了家人。你把家里的地板拖得一尘不染，你觉得自己劳苦功高，家人却可能觉得在这样的环境里生活很是拘谨。

付出不一定是对别人好，还有可能给别人造成伤害。

第二个原因：你在付出 A，却期待对方回报 B。

我做了家务，你要回报我体谅；我一直给你做饭，你要回报我孝顺；我带你看病，你要回报我其他关心。我做了……你要……我希望你能做点别的，满足我的心理匮乏。

比如说，你给某人钱，给钱之前，你不说你想要什么，对方当你做公益捐款就收下了。当对方收下后，你又说我想要这个和那个，对方就会觉得有些莫名其妙，不愿意给你想要的，然后你就生气了："我都给你钱了！你为什么不给我想要的！"

你在物质和现实层面上为别人付出，常常会要求别人在心理和关心层面上回报你。在某种程度上，这是一种强买强卖，是很难实现的。

你始终要知道，你无论付出了什么，都不是别人要回报你的理由。因为，你完全可以不做。在你自由的基础上，既然你选择了做，那就是为自己做，而不是为别人。

思考与表达

写下你的一次愤怒经历。是对谁产生的愤怒?发生了什么?或者直接使用前面的愤怒案例。

1. 回忆并写下这次愤怒中,你为愤怒的对象付出了很多的三个证据。
2. 写下你希望他回报你的是什么。
3. 你如何看待你的这些付出和回报?
4. 生成并写下这样的句子,然后大声朗读,并体会一下你的感受:

   我为你付出了 _____,你要回报我 _____!

爱自己的第一步：
停止刻意付出

/ 两种付出 /

一个人在最开始的付出，通常都是心甘情愿的，这是爱的本能。一个人的内心有爱，就充满了能量，就有付出的渴望。这时候你的付出，并不会计较对方是否回报。

这些付出，叫作"存在付出"。存在付出就是一个人在愉悦、自由、轻松的状态下，完全自愿的付出。他没有刻意做什么，只是在做自己，他只是跟着自己的感觉在做事，做了让自己开心的事，顺便让别人得到了好处。

比如说，你看到路边有一只流浪的小猫，就想喂食物给它；看到老人过马路，就想搀扶他；看到朋友有难，就想去帮助他；看到心动的异性，就想对他好；看到小孩哭了，就忍不住想抱抱他；看到家里地板上有垃圾，你很自然地就捡了起来。这时候，你的存在就是一种付出。

然而人的付出是有一个舒适值的，在这个值之下的付出就是自愿和愉悦的，然而一旦超出这个值，人就得刻意地去做了，再继续下去就是自我强迫了。这时候的付出，就是"刻意付出"。

理 解 愤 怒

刻意付出就是一个人内心深处其实并不想做，但出于有利于将来、有利于关系、有利于利益的考量，或出于责任、道德等原因，不得不选择委屈自己，使用理性刻意而做的付出。

/ 是刻意付出让人愤怒 /

你请一位喜欢的姑娘吃了一顿大餐，她并没有刻意回报你什么，也没有表现出愿意做你女朋友的意思，但你依然会感到很满足，并不会愤怒。这时候你的付出，就是存在付出。但是如果你每天都请她吃大餐，她还不跟你约会，你就会愤怒了，因为这时候你的付出，就是刻意付出。

你去敬老院做志愿者，老人挑剔你的付出，当你感到不舒服的时候就停止你的付出，你最多只会体验到失望，并不会愤怒。但当你感到不舒服的时候你还勉强自己继续照顾老人，这时候你对他们的挑剔，就会容易产生愤怒。

你辅导孩子写作业，刚开始你可能会很开心，觉得可以在孩子面前展示一下自己的智商，这时候你的付出是愉悦的，我们说这是存在付出。但是随着时间的推移，你会发现孩子和你的思维不在同一层次，这让你感到不舒服。如果这时候你果断放弃辅导作业，你就不会愤怒，但是如果你依然忍着情绪使用理性继续辅导，那么这时候你的付出就是在自我强迫了。

一位同学说："我对我的朋友很愤怒。他和我出去吃饭的时候总是很霸道，基本不照顾别人的感受，只点自己喜欢吃的。虽说只是吃饭，没什么大不了，但我心里总是觉得不舒服。"

我们基本可以判断，是他请朋友吃饭，这里面包含了这位同学大量的付出。如果是朋友请这位同学吃饭，那他朋友吃自己喜欢吃的，就没什么好愤怒的了——人家自己花钱买单，吃点自己喜欢的理所应当。这位同学的付出，最多是接受他朋友的这顿饭。

如果他请的是一位特别喜欢的姑娘，姑娘点的都是自己喜欢吃的，他也会觉得姑娘很可爱并不会感到愤怒。毕竟是他特别想和姑娘一起吃饭，这是他自己的需求，也没有多少付出感。这时候，就是存在付出。但如果他本身就不太情愿请朋友吃饭，他就很容易愤怒了，因为他已经在照顾朋友的感受而请他吃饭了，朋友却不照顾他的感受。这时候他的付出，就是刻意付出了。

所以，**其实付出得不到回报，是不会让人愤怒的，强迫自己付出却得不到回报，才会让人愤怒。**

/ 刻意付出是消耗和牺牲 /

存在付出，是滋养人的。你发自内心地对一个人好，就会有满足感、价值感，会感觉自己是一个丰盈的人，并体验到人生的意义。这时候，每当你去做，你就会很感动。

而刻意付出，是消耗人的。你内心不喜欢这个人或这件事，还要强迫自己去做，你就会对结果非常在意，就想通过最小的消耗，得到最好的结果。刻意付出的本质，就是牺牲，牺牲自己的愉悦感、轻松感，牺牲自我，去满足别人。

既然是牺牲，就会有怨恨。刻意付出是辛苦的。一个人在辛苦的时候，会格外需要对方的分担和照顾，这时潜意识就在说：

"不要再使用我了！我不想再牺牲了！你快来照顾一下我吧，我快不行了！"

"我强迫自己做这些事，都是为了你，我为你付出了这么多，你怎么不回报我呢？你怎么不来满足我的需求呢？你怎么不做点事情，来让我好受一点呢？"

/ 为了自己更想要的东西委屈自己 /

对于愤怒者，需要重新思考的是：既然不想牺牲，为什么要去做呢？真的是为了对方吗？明明很累了，却还得照顾孩子的睡眠和饮食，看起来是为了负责任，为了孩子；明明不想做，但因为不想吵架，不想让对方不开心而不得不做，看起来是为了对方，为了和谐。但其实你会发现，所有刻意付出的背后，都是为了自己：你有一个更想要的东西，所以选择了委屈自己。

你勉强自己去照顾孩子，是在成全自己的好妈妈形象，来缓解自己的内疚；你勉强自己加班，是为了给领导留个好印象，好让自己工作得更长久；你勉强自己借给别人钱，是怕失去关系，这说明你比对方更需要这段关系。你的付出，是为了别人好，但更是为了成全自己，为自己好。

所以当你愤怒时，你要去问自己："你觉得，你为对方付出了什么？这些付出，真的是你心甘情愿的吗？还是你也违背了自己的本心，做了不想做的事。如果真的是这样，有哪些事你是为了自己而做的呢？"

/ 照顾好自己的感受 /

当你愤怒时，是因为别人会使用一种技能，而你不会。这个技能就是：照顾好自己的感受。

"自己的感受，大于责任。" 也许你认为有很多应负的责任，但是有些人就是会把自己的感受放在第一位。他觉得不舒服、不喜欢的事，就不去做，即使所有人都觉得那是应该的。

"自己的感受，大于对错。" 也许你认为人应该有是非对错，是的，我同意你。但是有些人就是会把自己的感受放在前面，自己是否舒服，大于自己是否做得对。

"自己的感受，大于对方。" 对很多人来说，他们很在意对方是否开心，为了不让对方失望而选择委屈自己。但在意自己感受的人会觉得："我固然希望你开心，但我不会牺牲我的开心，来让你开心。"

"自己的感受，大于和谐。" 也许你认为和谐很重要，但在意自己感受的人就会觉得："没有冲突固然重要，但是如果不冲突的代价，是选择让我感到更不舒服，那我宁愿跟他发生冲突。"

做出这样的选择，就是爱自己。爱自己，就是照顾好自己的感受，减少并停止刻意付出。当你能做到照顾好自己感受的时

理解愤怒

候，你对别人的需求就不会那么强烈了。这时候，你忍受别人不去满足你的耐受力也会大得多。你的愤怒，也会因此而减少。

当然，我并不是说每个人都要自私地活着，否则这个世界由谁来创造？危难之时，由谁来顶上？我们的消防员、医护人员、人民警察，难道都要为了自己的感受不去付出吗？

贡献是一种美德，但从来不该是强迫来的。如果你从贡献中体验到的意义感大于其他，你选择留在一线，本身就是在照顾自己的感受。选择自己真正想选择的，就是在照顾自己的感受。

思考与表达

写下你的一次愤怒经历。是对谁产生的愤怒？发生了什么？或者直接使用前面的愤怒案例。

1. 找出这次愤怒中，你为对方做了什么？有哪些是不想做但又不得不去做的事？你是怎么违背自己内心真实感受的？
2. 你的这些付出，从哪个角度来说是为了对方？从哪个角度来说是为了自己？
3. 对此，你有什么样的感受？
4. 为了照顾好自己的感受，你可以为自己做些什么？

父母欠我的，
你要还给我

/ 小时候带来的匮乏 /

通过付出换来爱，本身也没有问题。我们想要被爱，企图通过付出换来被爱的可能，这是多数人都会用的方法。然而痛苦的是，你的付出经常没有爱的回报，于是你就愤怒了。

你愤怒，是因为你不甘心，你还想要。一个人有多愤怒，就表明他对爱有多渴望。所以愤怒的人不仅可恨，更是可怜，因为他太需要被爱了。他就像溺水的人必须要挣扎一样，缺爱的时候必须要愤怒。

当我们看到一个人愤怒的背后，是缺少爱，就可以从更深的层面去思考：愤怒的他，为什么会这么匮乏爱呢？

因为从小就匮乏啊。

当一个人缺爱，他不仅是现在缺，是从小到大都缺。一个人从呱呱坠地开始，但凡有人能给他足够的爱，他就能内化出爱的能力，就能学会寻找爱的方法，就会相信爱，从而不会陷入不被爱的匮乏感之中。

给予爱的，最初是母亲，后来是家人，再来是学校、社会，再后来是挚友、伴侣、咨询师等重要他人。我们常说原生家庭影响人，实际上是一个人在原生家庭中没有得到足够的爱，成长过程中也没有得到来自他人的爱，这时就会导致一个人的内心匮乏。

婴儿会对父母有一种天然的应得感，觉得父母就是应该给自己无条件的爱。当婴儿没有得到爱的时候，就会感到恐惧，为了防御这种恐惧，就会发展出对父母的恨，而这就是一个人愤怒的原型。婴儿会企图通过恨，再次掌控父母，获得爱。

但不是在所有家庭里，愤怒都是被允许的。当一个家庭不允许孩子对父母表达不满，孩子为求生存，就不得不再次把愤怒压抑下来。这么说并不意味父母不爱孩子，只是不同的父母表达爱的侧重会有不同，那么一个人所内化进自身的爱、创造爱的能力、自我修复的能力也会不同。

一个人体验到的匮乏感越强烈，他的自我修复能力就越弱，就越需要别人成为他理想的"父母"，来重新照顾自己的虚弱。所以当一个人愤怒的时候，我们就知道，他有一些早年未被满足的情感需求，转移到了当下的客体身上。

/希望他人来填补自己的早年缺失/

有一位同学说："我很辛苦地下班回家，老公却还在睡懒觉，没有为我准备晚饭，我感到非常生气，而且这种情况发生了不止一次。我也跟他沟通过，说希望我回家之后他能准备好饭菜，但他就是不听。"

理解愤怒

这是一件很简单的事：老公没做饭。从现实层面上来讲，这是一件很日常的事，但这件事却激活了这位同学一个巨大的心理创伤：她觉得老公的行为是自私的，她所需要的爱是关心，需要老公为自己做饭来体现。

虽说夫妻之间应该相互关心，但似乎不被关心也是很多夫妻生活的日常状态了。你是一个独立的成年人了，不被另外一个人关心又会怎样？你为什么这么需要另外一个人的关心呢？因为被关心，是她一直以来的愿望啊。这位同学从小到大都没有被关心过，她内在有一个渴望被关心的小女孩一直都没有长大。

另一位同学说："我家在农村，从小爸爸妈妈都很忙，家里的孩子也多，他们根本照顾不过来。我经常被妈妈骂，而且她骂得很难听，使我从小就特别在乎妈妈的眼色。"

父母忙，这本身就是对孩子的一种忽视，经常骂孩子，这是对孩子的一种更大的忽视。在这种家庭氛围中，她基本上不可能得到关心。那为了得到关心能做些什么呢？就只能力所能及地为家里多做些事，以此换来微弱的被关心的可能性。于是，这就可能形成这位同学的两个模式：

- 渴望被关心，但从来没得到足够的关心。
- 用付出换取被关心，也一直没得到满足。

所以，对被关心的渴望就保留了下来，长大后，她走入亲密关系中，这种渴望被一次次地激活，她想从伴侣身上重新获得关心，以填补小时候的缺失。此外，她还会采取为家庭付出很多这样她所熟悉的方式，来换取关心。

所以，一个人愤怒的背后他所渴望的其实是：早年没有得到的满足，希望另外一个人来填补。

/ 我的匮乏是什么？ /

你可以观察一下自己，当你愤怒的时候，你对对方爱的需求是什么？

如果你需要对方尊重你，那么说明你可能从小到大都没有被好好尊重过。你内在有一个渴望被尊重的小孩一直在呼喊着想要得到足够的尊重。你的父母可能对你充满了要求、指责、控制，而且不问你愿不愿意。

如果你需要对方体谅你，那么说明你可能从小到大都没有被好好体谅过，没有人关心你过得难不难。你的父母更多时候喜欢"使用"你，他们需要你帮忙做家务、帮忙照顾弟弟妹妹，需要你做很多琐碎的事，但是却从不体谅你到底累不累。而这些时候你的内在，一直都有一个渴望被充分体谅的小孩在奋力挣扎。

如果你需要对方认可你，那么说明你可能从小就在一个被否定的环境下长大，总认为自己做得不好。或者你只有在学习好、表现乖的时候才能被肯定，一旦你表现不出相应的特质时，你随时都有不被认可的危险。你的内在，一直都有一个渴望被看见、被认可的小孩，等待着被重新滋养。

如果你需要对方重视你,那么说明你可能从小在父母眼中就没有得到过足够的重视。父母或许很忙,觉得工作更重要,或者并不欢迎你的出生,觉得其他孩子更重要。这时候你的内在,一直都有一个小孩在发声质问这个世界:我是重要的吗?

所以当你愤怒时,恰好又是一个机会,去问问自己:"从小到大,我缺少的是什么?是怎么缺的呢?"

/ 愤怒是一种自救 /

人的身体会随着时间逐渐成熟,但是内心却不会与之同步。人的内心只有得到充分的爱的滋养才能健康成长,如果没有得到,它就会一直停留在某个年纪,等待着被重新滋养。

人一次次的愤怒,就是一次次对爱的呼唤。一次次的呼唤,就是一次次对修复自己的渴望,人渴望重新滋养自己、疗愈自己。所以愤怒,其实也是一个自救的方式。只不过这种方式,难以被人识别。面对你愤怒的人,除非他受过专业的训练,能透过愤怒看到你背后关于爱的渴望,不然他只会感受到被你攻击、剥夺。这时候,他不仅无法给你想要的爱,而且还会反击你,让你再次体验到被错误地对待,感到自己不被爱。

这个过程就是"勾引"。人会使用愤怒勾引另外一个人再次错误地对待自己,让自己再次体验到不被爱。再次体验到不被爱的好处,就是可以再次看到那个无助的自己。如果你把内心深处脆弱的自己隐藏了起来,不去面对,你的潜意识会拉着你一次次重新回到当时的情境里,让你不得不再次面对,这样,才有被修复的可能。

这也是愤怒的两个作用:

- ·向别人索取爱,尝试重新修复早年缺失爱的创伤。
- ·勾引别人错误地对待自己,重新体验早年不被爱的创伤,看见无助的自己。

愤怒的意义,就是回到早年的情境里,重新安抚那个没有被好好爱过的小孩。这时你可以问问自己:"现在我可以为你做些什么呢?"

思考与表达

写下你的一次愤怒经历。是对谁产生的愤怒?发生了什么?或者直接使用前面的愤怒案例。

1. 在这次愤怒中,你需要的爱是什么?
2. 写下你从小到大缺失这些爱的三个证据。
3. 试着读出下面的话:

   我需要你 _____(关心、体谅、重视……)我,因为从小到大都没有人真正 _____(关心、体谅、重视……)过我。
4. 对此,你的感受是什么?

爱自己的
终极答案

/ 自己满足自己 /

原生家庭并不是导致匮乏的唯一原因。我们自己后期没有去填补自己的匮乏，也是很重要的原因。就像是一个人很穷，到底是什么原因导致的呢？

至少有三个原因：

- 原生家庭经济条件不好，没有出生在富贵人家，没有含着金钥匙长大。
- 时运不济，没有生长在一个遍地是黄金的时代。
- 自己没有采取一些有效的措施，发展出相应的能力，靠自己的能力挣钱。

前两者是外在原因，自身没有办法决定，只能认命。但第三个是内在原因，足以在某种程度上改变贫穷的状况。

爱自己的终极答案，就是自己满足自己。如果没有人能给你想要的爱，那么你就学会自己爱自己。

理 解 愤 怒

无论你多么渴望被爱，多么需要对方，遗憾的是，对方就是在很多时候都无法满足你的需求。无论你的理由多么恰当、正经、充分，也很遗憾，对方很多时候还是无法按照你的要求去做。你也曾尝试过用愤怒要求别人，但还是会失败。只要你把自己的需求寄托在对方身上，你就不得不面临这样的风险：

你的需求，有时候就是无法被满足。

你使用愤怒向别人索取爱，终究是一种依赖。 即使要到了，也是不稳定的。而自己满足自己，才是最稳定、最靠谱的途径。

自己满足自己，很多人听起来会觉得特别的无力、孤独、有压力，觉得这太难了。有些人也会困惑："自己满足自己，和他人给我的满足，是一样的吗？"

还真不一样。

一个懂得爱自己的人，对别人的爱不会那么执着。

/ 你需要别人认可你，但你认可自己吗？ /

如果你因为别人的不认可而愤怒，那么首先我要问，你认可你自己吗？

一位同学说："我老公总是挑剔我，挑剔我碗洗得不干净，地板拖得不干净，孩子带得不够好。这使我非常愤怒。你觉得不好，你来干啊！你凭什么什么都不干，还来挑剔我！"

这位同学给老公贴的标签是"挑剔"，在她愤怒的背后需要的爱是认可，她其实是需要来自老公的认可。

也许这是事实,老公的确不认可你,你想要的爱落空了。可是我们来反思一下:老公的认可为什么这么重要?经过探索后发现,这位同学首先自己也不认可自己,所以才会对老公的不认可这么敏感。

她是一位家庭主妇,对她来说,做家务、带孩子,是她价值感的唯一来源。她为自己不能去工作、不能赚钱、不能创造社会价值而失落。而这时候老公挑剔了她所做的事,无疑就是在她自我价值感本就很低的基础上,做出了最后的致命一击。其实是这位同学先对自己进行了无数次的否定,让老公的指责成了压死自己价值感的最后一根稻草。这时候,这位同学对自己无能的愤怒,就全部转移到了老公身上。

这就很有趣了:你一方面自己嫌弃自己,一方面又期待对方不要嫌弃你。可是,即使对方不嫌弃你了,甚至表扬你,会有用吗?这些微弱的认可,能抵消你强大的自我嫌弃吗?

对于这位同学来说,真正满足认可需要的出路,并不是由不被老公挑剔来实现,而是通过自己认可自己,才能实现。虽然自己无法在外工作,但是做家务和带孩子的能力与价值,并不比在外工作的老公低。当她能够认可自己这部分贡献的时候,她就有底气要求老公停止挑剔了。

当你开始认可自己家庭主妇的这份工作后,老公再挑剔你做得不好,你就有底气去挑剔他:"你就赚这点钱,还好意思说我做得不好?!"这时候你也就不会那么容易愤怒了。

理 解 愤 怒

/ 你需要别人体谅你，可你体谅自己吗？ /

还有一位同学向我诉说她的委屈："我为孩子、为这个家付出了很多，特别辛苦，可老公总是在玩手机、看电视，从来不体谅我，甚至还经常跟我吵架。"然后我就问她：

"你体谅你自己吗？"

"你每天在自我牺牲的时候，体谅到自己的辛苦了吗？"

"当你觉得辛苦的时候，你是会告诉自己别干了，还是会把事情放在比自己更重要的位置上坚持去做呢？"

"你在意自己的感受吗？你是更在意自己的感受，还是更在意事情做得怎么样呢？"

沟通后我发现，这位同学其实根本不懂得体谅自己。她有很多的"应该"：孩子应该照顾好、父母不应该对孩子发脾气、地板应该保持干净、家人应该在家吃饭、接送孩子不应该迟到、逢年过节应该给父母、亲戚送礼……

这些道理其实没问题。但不是所有对的事都应该去做，而且，应该做的事也不可能全部做得完。何况，你在做这些对的事情时，体谅过不想去做的自己吗？

这些事情，老公为什么不去做，反而在玩手机？因为他很体谅自己啊，他很快就接纳了自己在做这些事时的局限，绝不勉强自己，所以老公无法理解她的辛苦，因为老公从来不让自己辛苦。而这位同学也无法理解老公的愉悦，因为她从来不敢让自己放弃这些应做之事而优先选择愉悦。

所以，并不是老公故意不体谅她的辛苦，而是无法理解她的辛苦。同时，老公体不体谅她真的不重要，重要的是，这位同学从来不曾体谅过自己。

怎样才算体谅自己的辛苦呢？——自己的感受，比事情更重要。 如此，你就不会过于介意老公是否体谅自己了。

/ 你需要别人尊重你，可你尊重自己吗？ /

一位同学说："我妈喜欢规划我的人生、钱财和婚姻。"他给妈妈贴的标签是"控制"。他说："我希望妈妈能尊重我的意见。"

我问他："你尊重自己的意见吗？"

其实，你不喜欢妈妈规划你的人生，你完全可以拒绝。你自己的生活节奏也很重要，值得被尊重。别人的尊重，都是从你的坚持而来的，如果你愿意重视自己的想法，没有人能把他的想法强加于你。

我见过很多在不同的关系中需要被尊重的人，其实他们才是最轻视自己的人。每当他们的利益和想法与别人发生冲突的时候，他们第一个放弃的就是自己。那么，你都这么不尊重自己了，你怎么能指望别人来尊重你呢？

你始终要知道：只有敢尊重自己的人，才能真正赢得别人的尊重。

理 解 愤 怒

/ 你需要别人保护你，可你懂得保护自己吗？ /

一位同学说："在新冠肺炎疫情爆发的时候，我对相关部门反应滞后感到特别愤怒。"

在这些愤怒背后，他缺失的爱是什么？这位同学说："某些人的工作做得不到位，导致了病毒大面积扩散，影响了我的正常生活，给我带来很多不便，甚至有被感染的风险。"可以看到在这些愤怒的背后，他需要相关部门做好自己的事情，完成对他的照顾和保护。他需要的是被照顾和被保护。但是他人工作的失误，是我们无法控制的。我们想要被照顾和保护，只能转向自身，寻求自我满足。

自己满足自己的方式，其实就是自己保护自己：你可以在被要求居家隔离后，在有限的空间里尽可能地做你能做的事，根据环境做调整，让自己的生活保持正常秩序。这样，你的愤怒值就会降低很多。只要你愿意为自己的需求负责，有足够的能力照顾好自己，你就不太会对他人的照顾不周那么愤怒了。

/ 两个问题 /

如果你为别人做的某些事而感到愤怒，你只需要问自己两个问题：

・在我对他的期待中，我有哪些获益？我想要什么样的爱？
・在我希望别人为我做什么的时候，我为自己做了吗？我可以怎样实现？

别人照顾你固然好，但当别人没有照顾你的时候，你可以照顾好自己吗？你要知道的是：照顾好自己，比别人照顾你，更重要。

爱自己，才是不再愤怒的终极答案。

思考与表达

写下你的一次愤怒经历。是对谁产生的愤怒？发生了什么？或者直接使用前面的愤怒案例。

1. 在这次愤怒中，你需要的爱是什么？
2. 你是怎么忽视了它？
3. 你还可以为自己做些什么？

附录：《愤怒分析表》及使用指南

Tips:

- 填表时，+A、-A、-F、L 分别代表以下含义：
- +A 为正面标签：自律、勤奋、无私、负责任……
- -A 为负面标签：自私、懒惰、不自律、控制……
- -F 为负面感受：委屈、无助、绝望、恐惧……
- L 为爱：关心、重视、支持、尊重、认可、接纳……
- 请先阅读表后的"使用指南"再填此表，逻辑上会更清晰。

愤怒分析表

事件：
标签：

1 评判	1. 你这就是（-A），我说了算！ 2. 你（-A）就是错的，不应该的，你必须要同意我！ 3. 我认为，____（人/角色）就是应该（+A）的，你必须按这个规则生活！
2 期待	4. 我对你的要求就是必须要（+A）！ 5. 我不喜欢（-A）的你，你只有改成（+A）我才满意！ 6. 如果你不按我的要求变得（+A），我就惩罚你！

3 自我要求	7. 我对自己的要求就是必须要（+A）！我只能（+A）！ 8. 我不喜欢自己（-A）的一面！绝不允许自己（-A）！ 9. 即使一直（+A）让我感觉很（-F），我也只能（+A）！
4 情感连接	10. 我一个人 +A 很 -F，你凭什么可以坦然（-A）！ 11. 你必须要跟我一样也 +A，也感觉很 -F，我就心理平衡了！ 12. 我爸爸/妈妈经常感觉到很 -F，我想跟他们一样。
5 恐惧	13. 我认为，人只有（+A），才是安全的、被爱的。 14. 我从小就不得不（+A），证据是 _____。 15. 我要求你必须要 +A，这是我对你的保护！
6 爱	16. 如果你（+A），我就可以感觉到被 L，我需要你 L。 17. 我这么（+A），有一部分就是在为你付出，所以你必须要回报我 L！ 18. 从小到大就没有人给我 L，你要替他们补偿我，给我 L！

使用指南

《愤怒分析表》，既可以帮助自己探索愤怒，又可以帮助他人探索愤怒。当你想自己探索时：

第一步：写下让你感到愤怒的事件。

你怎么了？对谁有愤怒？什么时候？发生了什么？尝试着把令你愤怒的事件用一两句话概括，并且在写下的过程中，做好心理准备。你需要整理你的思绪，使能量往回走。此刻，你决定去看看在你的愤怒背后，隐藏的是什么。

做一次愤怒分析，模糊探索需要 10 分钟，细致探索需要 30 分钟以上。

第二步：找标签。

找到让你愤怒的标签，你怎么理解他人的行为。愤怒中，我们给他人贴的几乎都是负面标签，标记为 –A，比如他很自私、懒惰、控制欲强、不上进、不自律……这些负面标签都可以找到一个反义词，变成正面，正面标签标记为 +A，比如为别人着想、勤奋、自律、尊重别人……

第三步：填表。

表中有三个需要代入的项目：标签、负面感受、爱。首先，你需要把找到的标签 +A 和 −A 填入表格。其次，在填的时候，你可以感受一下在愤怒背后，还有哪些负面的、脆弱的情绪，填到 −F 里。比如说委屈、压抑、孤独、焦虑……感受自己在这个情绪里所期待的背后的爱和需求是什么，填到 L 里。

第四步：抄写并调整。

抄写也是一个感受、巩固的过程。如有读着不通顺的地方，可以自行修改，调整语句，使表达通畅。《愤怒分析表》并不是固定、一成不变的格式，所有句子仅仅是参考。你可以根据自己的感觉适当调整。从而形成一个你自己能理解的表格。

第五步：朗读并感受。

《愤怒分析表》分为六大句，每大句有三小句。如果你想模糊探索，可以一大句为一个段落，读完一个段落后，停下来感受一下。如果你想精细探索，你就需要每朗读一小句后停下感受。

读是必要的。你可以在心里读，可以大声读，也可以用反复抄写的形式读。形式有很多种，重要的是，你需要在反复咀嚼的过程中，感受这句话背后所表达的含义。

你可以这样填写：

读完第一小句的感受：

读完第二小句的感受：

读完第三小句的感受：

……

整体的感受是：

第六步：决定。

读完这些后，你有哪些发现？又有哪些新的决定？试着把这些写下来，看看你可以怎样更好地爱自己。

给别人做探索

《愤怒分析表》，不仅可以探索自己的愤怒，还可以帮助你身边正在愤怒、经常愤怒、不喜欢自己的愤怒的人去处理他们的愤怒。

第一步：邀请并介绍。

首先，你需要邀请对方做探索。不是每一个正在愤怒的人，都想去理解自己的愤怒。你需要询问对方的意愿，并邀请他对自己的愤怒多一些了解。

这个过程中，你可以给他介绍《愤怒分析表》，让他对此有一些了解，从而愿意配合你完成探索。

需要注意的是，帮助别人的探索，一定要基于别人的意愿，而不仅仅是你的一厢情愿。

愤怒分析，需要建立在一定的理性基础上。因此，你需要等对方的愤怒小于自己理性水平的时候，才可以去探索。如果他还沉浸在愤怒里，你就需先采取认同、共情、引导等方式，帮助他发泄一部分愤怒。

第二步：好奇并倾听故事。

他发生了什么？什么让他愤怒？他对谁愤怒？你可以好奇他

理 解 愤 怒

身上发生的故事，请他讲述。然后你可以让他用一句话概括这次愤怒，而后将其填在表里。

你可以试试这样的问句：

你怎么评价对方这个行为？

你觉得这代表了对方是个什么样的人？

接下来就和自己探索的步骤相同：填表、邀请对方抄写或朗读、邀请对方感受句子的含义。

常见疑问

1. 怎么找标签？

问问你的愤怒：你怎么评价令你感到愤怒的这个人？你觉得这是一个什么样的行为？你怎么形容对方做的这些事？

观察你内心的评价，找出一个或多个词。

根据多个词，找出你最有感觉的、最贴近对方行为的词，这个词就是可以去探索的标签。尽量挑选那些不带有人称的词，比如"不关心我的""否定我的""对我很坏的"，这一类词就带有人称，可以将其替换为：冷漠的、不顾别人感受的、自私的……

> **Tips：**
> - 标签建议只留一个，多个探索起来会混乱。
> - 当该标签探索起来有困难的时候，可以尝试换一个重新走表。

事件举例：

跟客户预约好了面谈的时间，并告知有疑问可以记下来，面谈时讨论。但是对方还是时不时发信息来，想起什么就发什么，提醒对方后还是继续发，让我有空再看，这让我很愤怒。

我愤怒的是他完全不按我的要求做，不遵守约定。通过这句话，来看给对方的标签是什么。

这里面有两个评价：A．完全不按照我的要求做。

　　　　　　　　B．不遵守定好的约定。

其中评价 A 中有"我的要求"这种个人化的表达；评价 B 是比较概括的表达。这时候我们就可以选择评价 B 作为标签：不遵守约定。

2．语句读起来感觉不顺畅。

表格仅为参考，并非一成不变。如果表格里的句子对你来说是不顺畅的，可以根据自己的感觉对句子适当调整，变成对你来说习惯的语言表达。

3．怎样找负面感受？

某种优秀的品质，比如上进、诚实、善良，我们做某些事感受到身上有这些品质有时是很享受的，但不会所有时候都享受。当你不享受还要去践行这个品质的时候，你就会有一些负面的感受。

那时候的负面感受，就需要填到 –F 里。

要找到这种负面感受，你就要想象自己在不享受的时候还要践行这个品质的画面，然后问一问内心深处，那一刻，你的情绪体验是什么呢？

举例：

问：负面情绪的挖掘还是有些困难，比如我在学完分析表后的作业里写"我一个人诚实很委屈"，但是我想不起来自己表现诚实后觉得委屈的事，是这个感受没找对吗？但我又没想到其他的负面感受，可能是平时压抑久了，怎样想才能找到自己的负面情绪呢？

答："诚实"是个好品质，但所有时候都诚实、不想诚实的时候还要诚实，就会有不舒服的感觉。这种感觉常常因为习惯了而难以识别。因此你需要用心去感受：

你喜欢自己的诚实吗？

你所有时候都喜欢诚实吗？

当你不想诚实的时候还要诚实，是什么感觉？

4．感觉不需要和父母一样。

我爸爸/妈妈经常感觉到很（委屈），我要跟他们一样。

经常有人对这句话没什么感觉，认为自己没有要跟他们一样的感觉和想法。

实际上这是一种内心感受。你可以观察自己在愤怒背后的感受，对照父母内心的感受，看是否一致。

这种感受是一种代际传承，并不是刻意造成的，而是潜意识里的运行规律。